21世纪高职高专教学做一体化规划教材

网页前端技术

主　编　王敏杰　任云晖

副主编　王海涛　闫春玲

主　审　汪衍辉

内 容 提 要

本书是学习网页设计技能的入门级教材，也是掌握网页前端技术的首选教材，鉴于此，我们力求做到内容通俗易懂、可操作性强。而对于教学方法的改革，我们想努力地创新和探索。它可能不是最好的，但它绝对是我们最精心和努力的结果。

本书分为三个模块：第一个模块是HTML语言，HTML语言（Hyper Text Mark-up Language，超文本标记语言/超文本链接标识语言）是目前网络上应用最为广泛的语言，也是构成网页文档的主要语言；第二个模块是CSS语言，CSS（Cascading Style Sheet，层叠样式表/级联样式表）是一组格式设置规则，用于控制Web页面的外观；第三个模块是JavaScript语言，JavaScript是Internet上最流行的脚本语言，并且可在所有主要的浏览器中运行。本书运用了大量的案例，便于读者熟练掌握HTML、CSS和JavaScript技术。

本书可作为高职院校网络相关专业的教材，也可作为从事网页设计方面工作的读者参考用书。

本书配有电子教案，读者可以从中国水利水电出版社网站和万水书苑上下载，网址为：http://www.waterpub.com.cn/softdown/和http://www.wsbookshow.com。

图书在版编目（ＣＩＰ）数据

网页前端技术 / 王敏杰，任云晖主编. -- 北京 ：中国水利水电出版社，2012.5
21世纪高职高专教学做一体化规划教材
ISBN 978-7-5084-9675-7

Ⅰ. ①网… Ⅱ. ①王… ②任… Ⅲ. ①网页制作工具－高等职业教育－教材 Ⅳ. ①TP393.092

中国版本图书馆CIP数据核字(2012)第073708号

策划编辑：石永峰　　责任编辑：张玉玲　　加工编辑：孙　丹　　封面设计：李　佳

书　名	21世纪高职高专教学做一体化规划教材 **网页前端技术**
作　者	主　编　王敏杰　任云晖 副主编　王海涛　闫春玲 主　审　汪衍辉
出版发行	中国水利水电出版社 （北京市海淀区玉渊潭南路1号D座　100038） 网址：www.waterpub.com.cn E-mail：mchannel@263.net（万水） sales@waterpub.com.cn 电话：（010）68367658（发行部）、82562819（万水）
经　售	北京科水图书销售中心（零售） 电话：（010）88383994、63202643、68545874 全国各地新华书店和相关出版物销售网点
排　版	北京万水电子信息有限公司
印　刷	三河市铭浩彩色印装有限公司
规　格	184mm×260mm　16开本　12.5印张　306千字
版　次	2012年5月第1版　2012年5月第1次印刷
印　数	0001—3000册
定　价	24.00元

前　　言

在计算机网络如此普及的今天，越来越多的人想学习计算机。计算机的用途如此广泛，让想学习它的人无所适从。本书面向计算机最普遍的应用，即网页的制作，力求让更多的人从中得到启发。

本书的网页制作是介于静态网页制作和动态网页制作之间的一门学科。本书共分为三个模块：HTML 语言、CSS 语言和 JavaScript 语言，从网页制作的基础认识到网页的一些简单变换，再到网页的高级应用，给想认识和掌握网页制作的初学者提供了一个入门级的教程。对初学者的网页制作提供了一个完善和实际的解决方案，也让希望在计算机网页制作方面有所成就的人增加自信心，让他们觉得计算机网页制作是如此简单和容易掌握，并且以此来进一步发展。

本书面向最实际和最富可操作性的技能，提供了完整的、具体的操作步骤，让使用者有遵循的依据。尽管这个依据不是唯一的、最完善的，但它绝对是最简便的、最容易操作的。

第一个模块分为七个任务，分别是网页中的文字、段落、图片、声音、表格、表单及页面分割的基本技能。学会了这部分技能，就对网页的制作有了更加清楚的认识，能够制作简单的网页。第二个模块分为三个任务，分别是网页的文字、层及特效的技能，是对前面的网页技能的进一步提高，让学习网页制作的人感到实用且简单，也能从中体会到新鲜、有趣。第三个模块分为四个任务，分别是特效、对象、浏览器对象及事件的技能，它又是前两个模块的扩展，让初学者体会到网页制作的强大，增强自信心，为有志在计算机网页制作方面有更深入发展的人提供一个新的技能。

本书提供了实用的知识和技能，且都是身边最常用的技能。学习的目的是应用，让使用本书的人感觉这正是他想要的、是他百思不得其解的，以提高他的学习兴趣。也让使用本书的人感觉到有具体的方法和步骤参考，以提高他们学习的信心。

本书采用最新的任务驱动式的教学方法。教无定法，但不可无法。在众多教学方法中选定任务驱动式教学方法，是因为目前它是最接近实际工作的教学方法，可以使读者觉得他们的工作和所学的是如此接近和相似，让他们掌握最直接的应用技能，而且一步到位。学习有两个方向：一个方向是先告诉他为什么，再告诉他怎么做；另一个方向是先告诉他怎么做，再让他自己找出为什么。第二个方向是人们发现理论的途径，尽管在众多实践中总结出理论是困难的，但这种经验式的理论是最持久的。你可能觉得直接告诉他为什么更直接、简便，但他不会应用或规则式地套用让其往往很快便忘记且不会创新。

众多朋友的支持是本书得以正常出版的重要原因。感谢我们学院的郝世峰院长对本书的关注和支持，他的反复阅读和丰富的经验给了我们无穷的动力和自信，使我们的编撰工作得以顺利地开展和进行。还要感谢身边同事的支持，他们在教学上的丰富经验使得其在本书内容和教学方法上更有发言权，也使得他们的建议弥足珍贵。

本书的分工如下：第一个模块由王敏杰编写；第二个模块由任云晖编写；第三个模块的

任务一和任务二由王海涛编写，任务三和任务四由闫春玲编写。全书的审核校验工作由汪衍辉承担。

由于时间仓促，编者水平有限，在知识、技能和教学方法的安排上难免有疏漏和不足之处，敬请广大读者和同仁批评指正。

编 者

2012 年 2 月

目　录

模块一　HTML 语言

模块二　CSS 语言

模块三 JavaScrip 语言

模块一 HTML 语言

内容简介：

HTML 语言（Hyper Text Mark-up Language，超文本标记语言/超文本链接标识语言）是目前网络上应用最为广泛的语言，也是构成网页文档的主要语言。HTML 文本是 HTML 命令组成的描述性文本，HTML 命令可以说明文字、图形、动画、声音、表格、链接等。HTML 的结构包括头部（Head）和主体（Body）两大部分，其中头部描述浏览器所需的信息，而主体则包含所要说明的具体内容。

任务一 认识 HTML

- 创建第一个 HTML 文件。
- 正确进行网页布局。

- 什么是 HTML。
- HTML 文件的基本结构。
- HTML 头部内容。
- HTML 主体内容。

我们通过此任务来学习 HTML 标记语言，会创建简单的 HTML 文件，并且能正确进行网页的布局。

在 WWW 上的一个超媒体文档称为一个页面（page）。作为一个组织或个人在万维网上开始单击的页面称为主页或首页（Homepage），主页中通常包括有指向其他相关页面或其他节点的指针（超级链接）。在逻辑上将视为一个整体的一系列页面的有机集合称为网站（Website 或 Site）。Web 页面也就是通常所说的网页。

1.1 案例一 创建第一个 HTML 文件

HTML 是一种规范、一种标准，它通过标记符号来标记要显示的网页中的各个部分。网页文件本身是一种文本文件，通过在文本文件中添加标记符，可以告诉浏览器如何显示其中的内容（如文字如何处理、画面如何安排、图片如何显示等）。浏览器按顺序阅读网页文件，然后根据标记符解释和显示其标记的内容，对书写出错的标记将不指出其错误，也不停止其解释执行过程，编制者只能通过显示效果来分析出错原因和出错部位。但需要注意的是，对于不同的浏览器，对同一标记符可能会有不完全相同的解释，因而可能会有不同的显示效果。

HTML 之所以称为超文本标记语言，是因为文本中包含了所谓的“超级链接”点。所谓“超级链接”，就是通过激活（单击）一种 URL 指针，可使浏览器方便地获取新的网页。这也是 HTML 获得广泛应用的最重要的原因之一。

由此可见，网页的本质就是 HTML，通过结合使用其他的 Web 技术（如脚本语言、CGI、组件等），可以创造出功能强大的网页。因而，HTML 是 Web 编程的基础，也就是说，万维网是建立在超文本基础之上的。

在这个案例中，我们主要了解了 HTML 文件的基本结构、文件命名的规则及编写文件的注意事项。

1.1.1 案例资讯

在做这个文件之前，我们先了解一下 HTML，HTML（HyperText Mark-up Language，超文本标记语言/超文本链接标示语言）是目前网络上应用最为广泛的语言，也是构成网页文档的主要语言。HTML 文本是由 HTML 命令组成的描述性文本，HTML 命令可以说明文字、图形、动画、声音、表格、链接等。

1. 什么是 HTML

HTML 是超文本标记语言，不是编程语言。与一般文本不同的是，一个 HTML 文件不仅包含文本内容，还包含一些 Tag（标记），其扩展名是.html。HTML 的结构包括头部（Head）和主体（Body）两大部分，其中头部描述浏览器所需的信息，而主体则包含所要说明的具体内容。

另外，HTML 是网络的通用语言，是一种简单、通用的全置标记语言。它允许网页制作人建立文本与图片相结合的复杂页面，无论使用的是什么类型的电脑或浏览器，这些页面都可以被网上任何人浏览到。我们用记事本来编写 HTML 文件。

2. HTML 文件的基本结构

（1）HTML 文件结构。

一个网页对应于一个 HTML 文件，HTML 文件以.htm 或.html 为扩展名。可以使用任何能够生成 TXT 类型源文件的文本编辑来产生 HTML 文件。标准的 HTML 文件都具有一个基本的整体结构，即 HTML 文件的开头与结尾标志和 HTML 的头部与实体两大部分。

HTML 部分：以<html>标签开始，以</html>标签结束。

```
<html>
...
</html>
```

<html>标签告诉浏览器这两个标签中间的内容是 HTML 文档。

头部：以<head>标签开始，以</head>标签结束。头部描述浏览器所需的信息，这部分包含的标记是页面的标题、序言、说明等内容，它本身不作为内容来显示，但影响网页显示的效果。头部中最常用的标记符是标题标记符，它用于定义网页的标题，它的内容显示在网页窗口的标题栏中，网页标题可被浏览器用作书签和收藏清单。标题包含在<title>和</title>标签之间。

```
<head>
<title> ... </title>
</head>
```

主体部分：主体部分包含所要说明的具体内容，如在网页中显示的文本、图像和链接。主体部分以<body>标签开始，以</body>标签结束。

```
<body>
...
</body>
```

HTML 文件结构如图 1-1 所示。

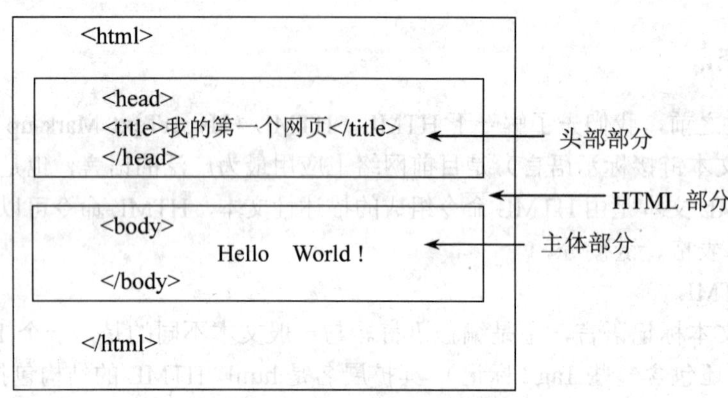

图 1-1 HTML 文件结构

（2）编写文件的注意事项。

1）“<”和“>”是 HTML 任何标记的开始和结束。如<a> </a>。

2）标记与标记间可以嵌套。如<center><a>可以测试下</a></center>的效果。

3）在 HTML 代码源中不区分大小写。如<html>、<HTML>、<Html>都可以。

4）代码源中任何回车和空格在显示时不起作用（显示空格为" "）。为了代码的清晰，建议不同的标记之间用回车换行编写。

5）HTML 标记中可以放置各种属性。如<h1 align="center"> H1 标题</h1>。

6）在 HTML 源代码中的注释。如“<!-- 要注释的内容 -->”注释语句只出现在源代码中，不会在浏览器中显示。

（3）HTML 文件的命名。

名称全部用小写英文字母、数字、下划线的组合，其中不得包含汉字、空格和特殊字符；目录名应以英文和拼音为主，文件的命名规则如下：

1）HTML 代码中的所有标签遵循 XHTML 1.0 的书写规范，包括：

①标签全部使用小写；

②标签全部闭合；

③所有属性必须有值，而且用双引号；

④把所有“<”和“&”特殊符号用编码表示；

⑤所有的标签必须合理嵌套；

⑥注释中不要使用“--------”，如“<!-- 注释------------注释 -->”是错误的；

2）标签的语意如下：

①布局排版用<div>。

②标题用<h1>～<h6>。

③段落用<p>，无序列表用<ul>，有序列表用<ol>。

3）放弃不被 IE 支持的标签，如<abbr>；放弃不被 W3C 推荐的 html4 标签，如<center>、<font>、<b>等。

4）title 的合理应用：<a>标签必须用 title；<img>必须赋 alt 值；<div>可以用 title 说明；

5）根据网站的结构对 HTML 进行模块化，如信息页面的头部和尾部的通用文件、功能页面的头部和尾部的通用文件、分页文件、可以模块化的信息列表模块。

6）所有页面都需要定义背景颜色，系统默认值是可以被用户随意更改的。

1.1.2　案例步骤

我的第一个网页

打开记事本后，可以在里面输入如下代码：

```
<html>
<head>
  <title>我的第一个网页</title>
</head>
<body>我的第一个网页</body>
</html>
```

显示效果如图 1-2 所示。

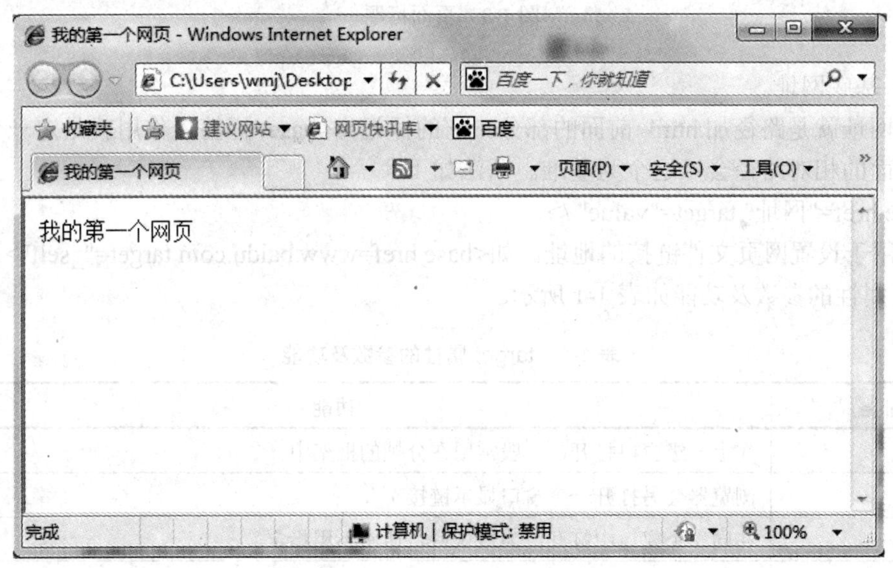

图 1-2　“我的第一个网页”效果

1.2　案例二　正确进行网页布局

在这个案例中，我们主要学习要怎样建立一个 HTML 文件。

在做这个案例之前，我们先来学习一下什么是 HTML 的头部内容和主体内容。

1.2.1　案例资讯

1．HTML 头部内容

HTML 头部信息（head）里包含关于所有网页的信息。头元素（起始标签<head>与闭合标签</head>之间的内容）出现在主体元素（起始标签<body>与闭合标签</body>之间的内容）

之前，包含将在主体元素信息之前装载的信息，其里面的内容主要是被浏览器所用，不会显示在网页的正文内容里。

另外，搜索引擎（如 google、yahoo、baidu 等）也会查找网页中的 head 信息。为了让搜索引擎能够收录网页，也要填写适当的 head 信息（还有其他的方法使网站被搜索引擎收录，如被其他网站链接）。

（1）页面标题。

页面标题主要指的是头部里的<title>标签，它不显示在 HTML 网页的正文里，而是显示在浏览器窗口的标题栏里，如图 1-3 所示。

图 1-3　页面标题

（2）基底网址。

基底网址就是路径加.html 前面的部分。它的标记为<base>标签，作用就是定一个全局的样式，后面的相对路径会以这个为基准。语法如下：

<base href="网址" target="value" />

href 用于设置网页文件链接的地址。如<base href=www.baidu.com target="_self">。

taget 属性的参数及功能如表 1-1 所示。

表 1-1　target 属性的参数及功能

value	功能
_parent	在上一级窗口打开，一般常用在分帧的框架中
_blank	浏览器会另打开一个窗口显示链接
_self	在同一个窗口中打开，为默认值，通常不用指定
_stop	在浏览器的整个窗口打开，忽略任何框架

还有_search 属性，作用是在浏览器的搜索区装载文档，这个功能只在 IE 6.0 或者更高版本中适用。

注意：一个文件只能有一个<base>标记，同时该标记必须放于头部文件中。

（3）基准文字。

基准文字是设定网页基准的文字字体、字号和颜色。在 HTML 中用<basefont>标签，语法如下：

<basefont face="font_name1,font_name2,……" size="value" color="value">

标记的属性如表 1-2 所示。

表 1-2　标记的属性

属性	描述
face	字体（不同字体可以定义多次，字体之间使用“,”分开）
size	字号（value 的取值范围为 1～7、+1～+7 或-1～-7）
color	颜色（value 定义颜色的名称或者十六进制代码）

注意：face 就是我们经常见到的“宋体”、“黑体”等字体，设定页面采用哪种字体，如果系统中没有第一种字体，就会显示第二种，依此类推。如果系统都没有安装定义的字体，就会显示默认的字体。

（4）头元素。

头元素包含关于文档的概要信息。HTML 同样包含位于 head 元素内部的 meta 元素，而 meta 元素的作用是提供文档的元信息。在大多数情况下，meta 元素用来提供与浏览器或者搜索引擎相关的信息，如描述文档的内容等。

<meta>标签是头部信息的基本标签，对用户是不可见的，一般用于定义页面的信息、名字、关键字、作者等。一个页面可以有多个 meta 元素。meta 有两种属性：name（页面描述信息）和 http-equiv（http 标题信息）。

①name 属性。

<meta name="keywords" content="关键字"/>

name 可以取 keywords、description、author、generator、robots，用于说明网页所包含的关键字信息。content 就是用户所设置的具体关键字。如果要设置多个关键字，要用英文的逗号分开。如页面的描述信息、作者名称、编辑页面的编辑工具、指令集合等。

content 属性有 4 种命令：index（页面允许被检索）、noindex（页面不允许被检索）、follow（页面中的链接允许被检索）、nofollow（页面中的链接不允许被检索）。

②http-equiv 属性。

<meta http-equiv="content-type" content="html/text;charset=gb2312"/>用于设置页面的类别和语言字符集。为名称/值对提供了名称，并指示服务器在发送实际文档之前，在要传送给浏览器的 MIME 文档头部包含名称/值对。当服务器向浏览器发送文档时，会先发送许多名称/值对。虽然有些服务器会发送许多这种名称/值对，但是所有服务器至少要发送一个 content-type:text/html。这将告诉浏览器准备接受一个 HTML 文档。以下是几个例子：

<meta http-equiv="refresh" content="30" />设置页面每 30 秒后自动刷新一次。或者为<meta http-equiv="refresh" content="30;url=www.baidu.com" />，这样就是过了 30 秒后该页面自动跳转到百度的首页。

<meta http-equiv="expires" content="Wed,10 Mar 2010 17:00:00 GMT" />用于网页的过期时间，其时间格式必须是 GMT 格式。或者为<meta http-equiv="expires" content="30" />，这样 30 秒后网页自动过期。

<meta http-equiv="cache-control" content="no-cache" />用于禁止在缓存中调用网页。

<meta http-equiv="set-cookie" content="Web,10 Mar 2010 17:00:00 GMT" />设置本页面的 cookie 多久过期。

另外，头部还有以下其他设置：

<meta http-equiv="page-enter/page-exit" content="blendtrans(duration=0.5)" />用于当开始进入该网页或是退出网页时，就启用特效。其中，content=""是要调用的特效种类；duration 是代表持续的时间。

<meta http-equiv="window-target" content="top" />强制页面在当前窗口以独立的页面显示，以防止被其他网页的网站框架所覆盖。

2. HTML 主体内容

HTML 文档的主体才是事情的实质，这里才是放置文档内容的地方。<body>标签界定了文档的主体。

（1）背景。

网页中的背景拥有两个配置背景的标签：<bgcolor>和<background>。除了可以用单一的颜色做背景外，还可用图像设置背景。

浏览器可以显示的图像格式有 jpeg、bmp、gif。其中，bmp 文件存储空间大、传输慢，不提倡用。常用的 jpeg 和 gif 格式的图像相比较，jpeg 图像支持数百万种颜色，即使在传输过程中丢失数据，也不会在质量上有明显的不同，占位空间比 gif 大；gif 图像仅包括 256 色彩，虽然质量上没有 jpeg 图像高，但占位储存空间小、下载速度最快、支持动画效果及背景色透明。因此使用图像美化页面可视情况而定使用哪种格式。

常用 background 来设置背景，语法如下：

<body background= "image-url">，其中 "image-url" 指图像的位置。

（2）正文颜色。

在主体里用<bgcolor>标签设置文档的颜色，语法如下：

<body bgcolor="value">正文</body>

说明：value 是设置的背景颜色，为了使页面美观大方，网页背景尽量使用浅色。

下面是一些比较常用的背景颜色的设置，仅供参考：value=#F1FAFA、#E8FFE8、#E8E8FF、#8080C0、#E8D098、#EFEFDA、#F2F1D7、#336699、(#6699CC, #66CCCC, #B45B3E, #479AC7, #00B271)配白色文字作为标题、(#FBFBEA, #D5F3F4, #DDF3FF D7FFF0, #F0DAD2, #DDF3FF)配黑色文字作为正文。

语法也可以直接写成<body text="value1" bgcolor="value">正文</body>，这种写法在 CSS 语言中常见。

（3）页面边距。

在主体里，页面边距是网页主体与边框的距离。语法如下：

<body topmargin ="value">

这里，topmargin 是设定页面的上边距；还可以换成：leftmargin，设定页面的左边；bottommargin，设定页面的底边距；rightmargin，设定页面的右边距。

value 可以设成百分比。

还可以写成：

```
<style type="text/css">
        body {margin: 0pt}
</style>
<body topmargin=0 leftmargin=0 marginwidth=0 marginheight=0>
```

这个在后面的 CSS 语言中会详细讲解。

1.2.2　案例步骤

网页布局实例

打开记事本，编写如下代码：

```
<html>
<head>
   <title>设置背景图像</title>
</head>
<body background="jingbohu.jpg">
   <center>
     <p> </p>
     <p> </p>
     <p> </p>
     <p> </p>
     <p><font color="red" size="+6">盼望着，盼望着，东风来了，春天脚步近了。</font>
     </p>
   </center>
</body>
</html>
```

显示效果如图 1-4 所示。

图 1-4　网页布局效果

任务二　在网页中对文字及段落进行修饰

- 在网页中插入绝美的文字。
- 设计布局合理的段落。
- 用列表让网页格式更工整。

案例资讯

- 编辑内容。
- 文字效果。
- 文字的修饰。
- 划分段落。
- 排版。
- 列表符号。
- 编号列表。
- 嵌套列表。

在这个任务中，我们主要学习在简单的 HTML 文件里，对文字进行一些修饰，使网页看上去更工整。

2.1　案例一　在网页中插入绝美的文字

我们在打开网页时，首先看到的是网页中一些非常漂亮、栩栩如生的文字。那么在这个案例中，我们将学习对 HTML 文件里面的文字进行设置，比如文字的样式、文字的修饰等。

2.1.1　案例资讯

我们要在对文字进行设置之前学会怎样在 HTML 文档中编辑内容，并且要了解 HTML 中某些字符的特殊意义。

1. 编辑内容

不管是用什么语言编写的网页，打开页面时所见的内容都是所编辑的内容，一般是文字的形式，当然也会包含图片、音乐等，在后面我们会学习对文字的修饰等。在编辑网页内容的同时还会包含一些 Tag（标记）及一些特殊的符号。

（1）注释。

我们经常要在一些代码旁做一些 HTML 解释，即注释。这样做的好有处很多，如方便查找、方便比对、方便项目组里的其他程序员了解代码，而且还可以方便以后对自己代码的理解与修改等。HTML 注释的开始使用“<!--”，结束使用“-->”。

语法：<!--注释的内容-->

（2）空格符号。

空格符号实际上是特殊符号的一种，在这里单独拿出来是因为通常情况下，HTML 会自动截去多余的空格，不论写几个空格符号，系统都承认第一个，也就是空一个格。要在网页中增加空格，可以使用“ ”表示空格，且都是在半角状态下。

（3）特殊符号。

某些字符在 HTML 中具有特殊意义，如小于号（<）定义 HTML 标签的开始。要在浏览器中显示这些特殊字符，就必须在 HTML 文档中使用字符实体。字符实体由 3 部分组成：&符号、实体名和分号（;），如表 1-3 所示。

表 1-3 特殊符号

特殊字符	转义码	示例
大于（>）	>	If a > b then a=a+1
小于（<）	<	If a < b then a=a+1
引号（" "）	"	<p>"淘宝网"</p>
版权号（）	©	<p>copyright ©2011</p>

注意：转义码与字符间不能有空格；转义码必须以“;”结束；单独的“&”不被认为是转移开始。

2. 文字效果

文字效果的标签是<font>，在 HTML 中，字体标签是不被支持的。一般认为，在今后版本的 HTML 中，这个标签会被清除出去。尽管很多人都在用<font>，但我们应该尽量避免使用，取而代之的是 CSS 语言中的字体设置，我们将在后面的学习中学到。

（1）文字样式。

这里的文字样式包括字体、字体的大小、字体的颜色等。字体（face）就是设置字体的名字，如宋体、楷体等；字体的大小（size）可以在原来字体大小的基础上加或减；字体颜色（color）可以用表示颜色的词或者六位十六进制数来表示，如表 1-4 所示。

表 1-4 文字样式

属性	例子	作用
size="number"	size="2"	定义字体大小
size="+number"	size="+1"	增加字体的大小
size="-number"	size="-1"	减少字体的大小
face="face-name"	face="times"	定义字体名称
color="color-value"	color="#eeff00"	定义字体颜色
color="color-name"	color="red"	定义字体颜色

（2）基底文字。

基底文字用于显示网页上文本的外观，包括大小、字体类型和颜色等属性。用<font>标签，语法：<font size="+2" color="red" face="隶书"> 文本内容 </font>

其中，size 属性用来设置字体的大小，可以为字体指定的大小范围为 1~7，最大为 7，最小为 1。也可以使用一个默认字体大小，然后相对于该默认大小指定后续字体的大小；color 属性用于指定字体的颜色，可以指定颜色名称或十六进制值；face 属性用于指定字体的类型。

3. 文字的修饰

文本是网页不可缺少的元素之一，是网页发布信息所采用的主要形式。为了让网页中的文本看上去编排有序、整齐美观、错落有致，我们就要设置文本的大小、颜色、字体类型以及换行换段等。前面已经讲过，这里的修饰指对文本的文字进行加粗、变斜体、加下划线等。

（1）文字的基本修饰。

对文字的修饰就是让指定的文字变得特别一点。常用的对文字修饰的标签：对文字加粗使用<b>…</b>标签，文字变成斜体字使用<em>…</em>标签，给文字加下划线使用<u>…</u>标签，在文字之间划线用<strike>…</strike>标签，打字体用<tt>…</tt>标签。

（2）文字的上下标。

就像在 Word 文档中我们会用到上下标一样，在 HTML 网页中也经常会见到这样的例子。HTML 文档的文字的上标用[…]属性，下标用_…属性。

语法：内容^{value} 内容_{value}

说明：内容是要给加上下标的，value 是上下标的确切值。

（3）标题文字。

一般的文章都会有标题、副标题、章和节等结构，HTML 语言提供了一系列对文本中的标题进行操作的标记对，一共有 6 对：<h1></h1>……<h6></h6>。其中，<h1></h1>是最大的标题，而<h6></h6>是最小的标题，也就是说，h 后面的数字越大，标题的文本字号就越小。标题能分隔大段文字、概括下文内容、根据逻辑结构安排信息。标题具有吸引读者的提示作用，而且可以表明文章的内容，读者会根据标题决定是否阅读此文章。由此，标题的重要性可见一斑。

标题标记也有三种水平对齐的方式：align=#（left,center,right）。如果 HTML 文档中需要输出标题文本，就可以使用三种标记中的任何一个。

一般情况下，浏览器会对这六种标记做出如下解释：

h1：黑体，特大字体，上下各有两行空行；h2：黑体，大字体，上下各有一行到两行空行；h3：黑体，大字体，左端微缩进，上下空行；h4：黑体，普通字体，比 h3 缩进更多，上边空一行；h5：黑体，与 h4 相同缩进，上边空一行；h6：黑体，与正文有相同缩进，上边空一行。

有关标题，我们就记住分为六级，而且 h 越小字号越大就可以了。今后我们在实际编写网页时，还是可以使用 IDE 中的字体属性来选择字号的。

2.1.2 案例步骤

1. 编辑内容的实例

记事本里的代码如下：

```
<html>
<head>
```

```
  <title>符号应用</title>
</head>
<body>
  <p><font size="+2" color="red" face="黑体">
  手机充值、IP 卡/电话卡 </font><br>
  移动 | 100 |  联 通 |  50
  </p>
 Copyright &copy;2011 &quot;淘宝网&quot; All right.
</body>
</html>
```

显示效果如图 1-5 所示。

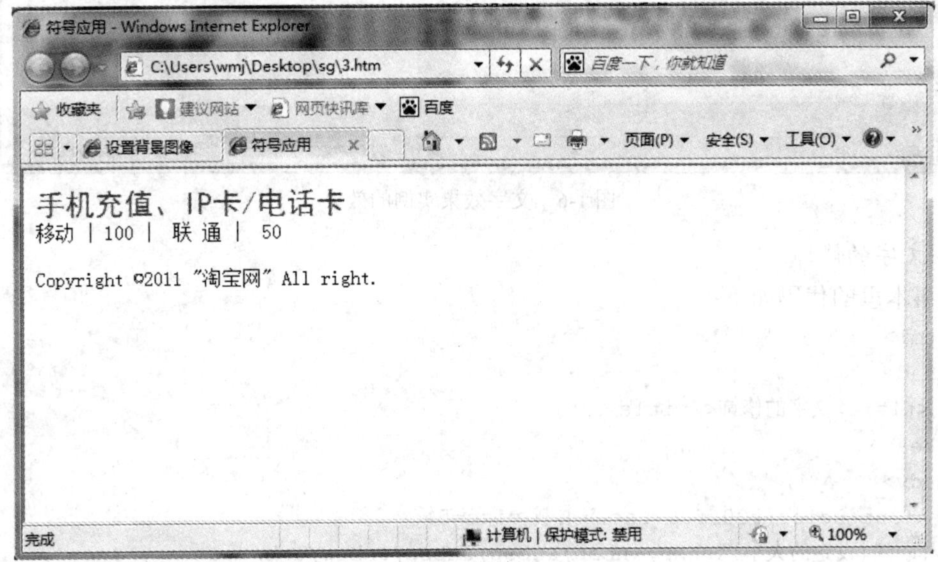

图 1-5　编辑内容实例的效果

2. 文字效果实例

记事本里的代码如下：

```
<html>
<head>
  <title>文字效果</title>
</head>
<body>
    <font style="font-size: 45pt; filter: shadow(color=#AF0530);
        width: 100%; color: #f90b46; line-height: 150%;
        font-family: 隶书">
      <b>这里有美丽的风景</b>
    </font>
</body>
</html>
```

显示效果如图 1-6 所示。

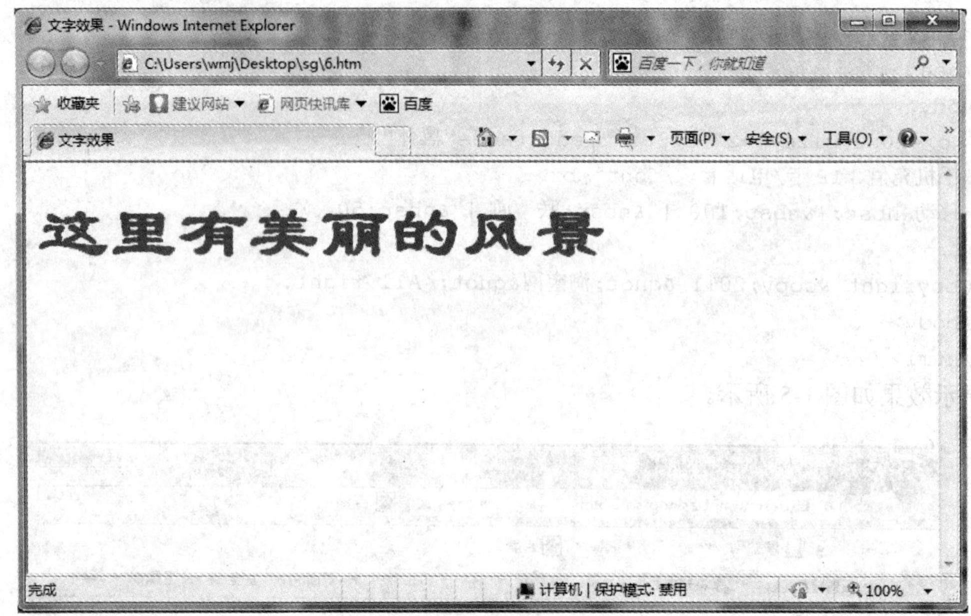

图 1-6 文字效果实例的效果

3. 文字的修饰

记事本里的代码如下：

```
<html>
<head>
  <title>文字的修饰</title>
</head>
<body>
  <font color=#00ff00 face=隶书 size=5>
黑林职院(设定的大小)         
<big> 黑林职院 (比设定大一号)</big><br>
<big> 黑林<sup>职院 </sup>(比设定大一号)</big>    
<big> 黑林<sub>职院 </sub>(比设定大一号)</big><br>
<small>黑林职院 (比设定小一号)</small>         
黑林职院 (回到设定的大小)<br>
<b>黑林职院</b>    
<em>黑林职院</em>    
<u>黑林职院</u>    
<strike>黑林职院</strike>    
<tt>黑林职院</tt>
<h1>黑林职院</h1><h2>黑林职院</h2><h3>黑林职院</h3>
<h4>黑林职院</h4><h5>黑林职院</h5><h6>黑林职院</h6>
   </font>
</body>
</html>
```

显示效果如图 1-7 所示。

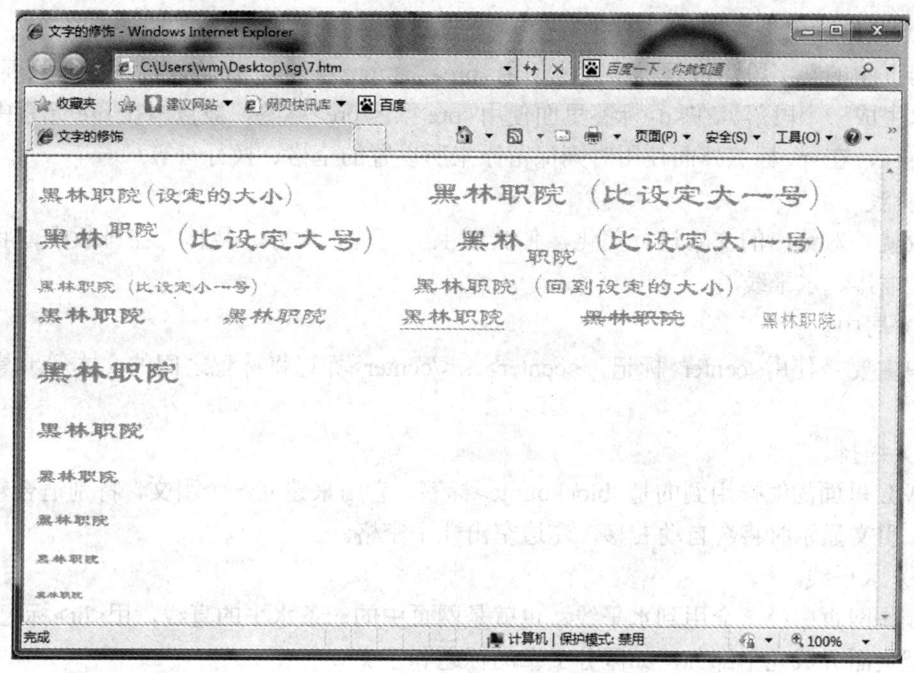

图 1-7　文字修饰实例的效果

2.2　案例二　设计布局合理的段落

在上个案例中，我们已经学会了对文字的设置。那么在这个案例中，我们主要学习对HTML文件中的段落进行设置，如段落的样式、换行、排版等。

2.2.1　案例资讯

网页的外观是否美观很大程度上取决于其排版。在页面中出现的大段文字通常采用分段进行规划，对换行也有极其严格的划分。本节从段落的细节设置入手，使读者在学习后能利用标签自如地处理大段的文字。

1. 划分段落

（1）段落。

简单地对文字分段常用<p>…</p>标签，即段落的开始用<p>标签，段落的结束用</p>标签。某些网页分段时省略了</p>，即作为单标签使用，因为下一段开始的<p>标签就意味上一段的结束。不推荐把<p>当作单标签使用，这样代码不规范、易出错。

（2）回车换行。

当文字到达浏览器的边界后将自动换行。但是当调整浏览器的宽度时，文字换行的位置也相应地发生变化，格式会显得相当混乱。为了规范格式，读者应该在编写代码时在需要换行的位置用单标签
标签强制换行。

（3）不换行。

不需要换行的部分用双标签<nobr>…</nobr>包含，即用了这个标签后，给出的文本就不会自动换行了。

（4）预格式化。

对网页中的文字段落进行预格式化使用<pre>…</pre>标签。在输入过程中，只要按 Enter 键就可以生成一个段落。在<p>标签里面使用<pre>…</pre>标签，被包围在 pre 元素中的文本会自动换行，在<p>标签外面使用时则保留原来所设置的空格、换行符等。

2. 排版

排版就是对给出的文本进行美化，使其看上去美观、大方、得体。在排版中，我们会学习居中、缩排、水平线。

（1）居中。

居中主要是使用<center>标记，<center>…</center>标记将标记之间的文本等元素居中显示出来。

（2）缩排。

HTML 里面的缩排用到的是<blockquote>标签，它用来建立一个引文，特别适合较长文本的引用，引文显示时将会自动右移，左边空出几个空格。

（3）水平线。

在制作网页中经常会用到水平线，也就是网页中的一条水平的直线，用<hr>标记来设定，它可以把页面分成几个部分，如区分文章的标题和正文。

水平线有以下几个属性：

1）size：水平线的宽度；

2）width：水平线的长，用占屏幕宽度的百分比或像素值来表示；

3）align：水平线的对齐方式，有 left、right 和 center 三种方式；

4）noshade：线段无阴影属性，为实心线段。

注意：在 width 中，相对值（百分比）设置的长度会随着页面窗口的变化而变化，而绝对值（像素）设置的不会变。所以在今后的应用中要注意选用哪种方式体现的效果好。

2.2.2 案例步骤

1. 段落

在记事本中输入以下代码：

```
<html>
<head>
   <title>段落</title>
</head>
<body>
  <p>《红楼梦》 第一回 甄士隐梦幻识通灵  贾雨村风尘怀闺秀</p>
  <p>此开卷第一回也。作者自云：曾历过一番梦幻之后，故将真事隐去，而借
      通灵说此《石头记》一书也，故曰“甄士隐”云云。</p>
  <p>当此日，欲将已往所赖天恩祖德，锦衣纨之时。</p>
</body>
</html>
```

显示效果如图 1-8 所示。

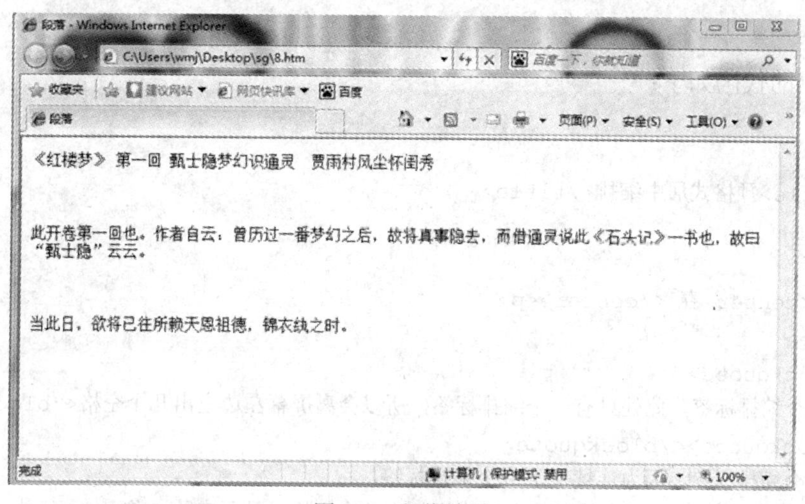

图 1-8　段落效果

2. 自动换行

在记事本中输入以下代码：

```
<html>
<head>
   <title>换行</title>
</head>
<body>
   <p>《红楼梦》 第一回 甄士隐梦幻识通灵　贾雨村风尘怀闺秀</p>
   <p>此开卷第一回也。作者自云：<br>曾历过一番梦幻之后，故将真事隐去，而借通灵说此《石头
      记》一书也，故曰“甄士隐”云云。</p>
   <p>当此日，欲将已往所赖天恩祖德，锦衣纨之时。
</body>
</html>
```

显示效果如图 1-9 所示。

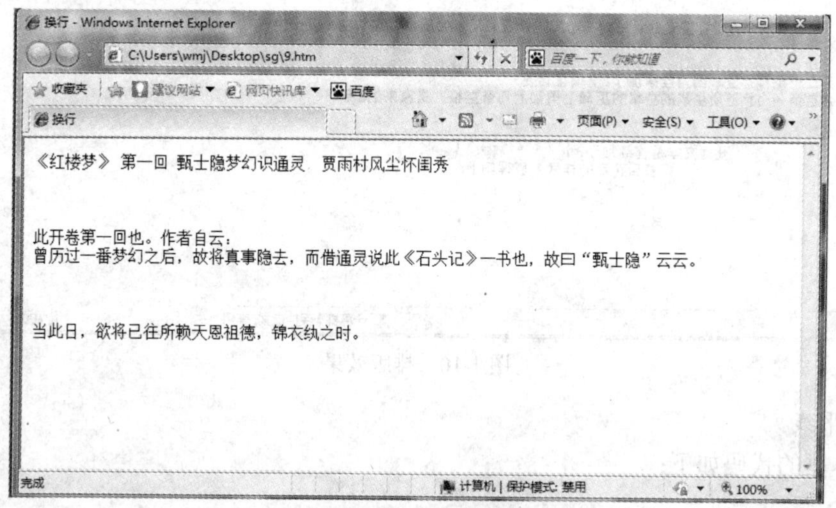

图 1-9　自动换行效果

3. 排版

记事本里的代码如下：

```
<html>
<head>
    <title>预格式居中缩排</title>
</head>
<body>
    <p><center>春 </center><p>
    <pre>
    <blockquote>
这是第一个缩排标签，此处只有一个缩排标签，所以会离屏幕左边空出几个空格</blockquote>
    <blockquote></blockquote>
这是第二个缩排标签，因为连续加了 2 个缩排标签，
所以会在第一个标签所生成的空格的基础上再加上几个空格，是原来的 2 倍
<blockquote></blockquote>
<blockquote><blockquote><blockquote>
此处文字是连续加了 3 个<blockquote> 标签后显示的样式，原理同上。
    </blockquote></blockquote></blockquote>
    </pre>
</body>
</html>
```

显示效果如图 1-10 所示。

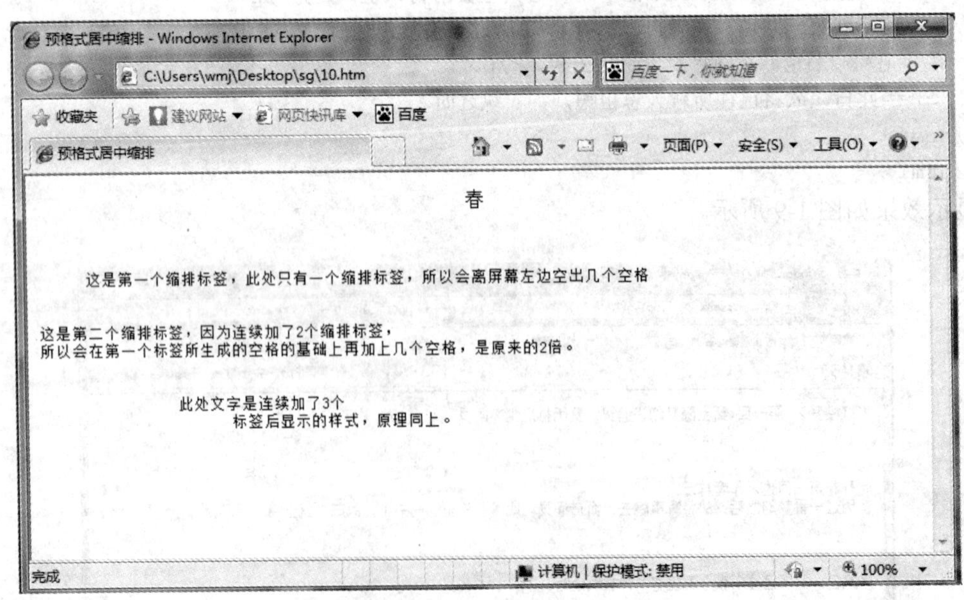

图 1-10 排版效果

4. 水平线

记事本里的代码如下：

```
<html>
```

```
<head>
  <title>水平线的设定</title>
</head>
<body>
  <p>这是第一条线段，无 ALIGN 设定，(取内定值 CENTER 显示)<br>
  <hr width=50%  sizc=5>
  <P>这是第二条线段，向左对齐 BR>
  <hr width=60% size=7 align=left>
  <P>这是第一条线段，无 SIZE 设定，取内定值 SIZE=1 来显示<br>
  </hr>
  <P>这是第二条线段，SIZE=5<br>
  <hr size=5>
  <P>这是第一条线段，无 WIDTH 设定，取 WIDTH 内定值 100%来显示<br>
  <hr size=3>
  <P>这是第二条线段，WIDTH=50(点数方式)<br>
  <hr width=50 size=5>
  <P>这是第一条线段，无 NOSHADE 设定，取内定值阴影效果来显示<br>
  <hr width=80% size=5>
  <P>这是第二条线段，有 NOSHADE 设定<br>
  <hr width=80% size=7 align=left noshade>
</body>
</html>
```

显示效果如图 1-11 所示。

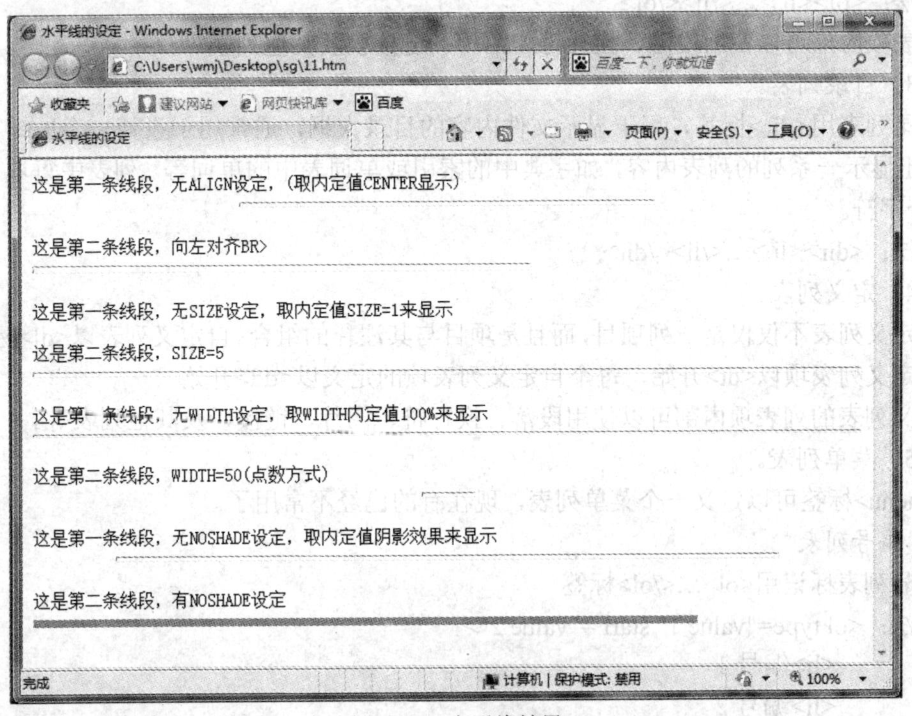

图 1-11 水平线效果

2.3 案例三 用列表让网页格式更工整

很多时候，我们见到的网页都是带有列表和编号的，那么列表和编号是怎样设置的呢？在这个案例中，我们就来学习一下。

2.3.1 案例资讯

列表标签在 HTML 中是很重要的一个环节，合理使用会使网页结构清晰，减少垃圾代码。下面就来具体地学习一下列表标签。

1. 列表符号

列表分为：无序列表、有序列表、目录列表、定义列表和菜单列表。

（1）无序列表。

无序列表是一个项目的列表，此列项目使用粗体圆点（典型的小黑圆圈）进行标记。无序列表开始于<ul>标签，每个列表项始于<li>。即<ul>…</ul>用来标记无序列表的开始和结束，li >…</li>用来标记有序或无序列表的列表项目的开始和结束。

语法：<ul><li >…</li></ul>

列表项内部还可以使用段落、换行符、图片、链接以及其他列表等。

（2）有序列表。

同样也是一列项目，列表项目用数字进行标记，有序列表开始于<ol>标签，每个列表项始于<li>标签。

语法：<ol><li >…</li></ol>

列表项内部可以使用段落、换行符、图片、链接以及其他列表等。

（3）目录列表。

目录列表用<dir>标签，用于显示文件内容的目录大纲，通常用于设计一个压缩窄列的列表，用于显示一系列的列表内容，如字典中的索引或单词表中的单词等。列表中每项至多只能有 20 个字符。

语法：<dir><li >…</li></dir>

（4）定义列表。

自定义列表不仅仅是一列项目，而且是项目与其注释的组合。自定义列表以<dl>标签开始，每个自定义列表项以<dt>开始，每个自定义列表项的定义以<dd>开始。

定义列表的列表项内部可以使用段落、换行符、图片、链接以及其他列表等。

（5）菜单列表。

<menu>标签可以定义一个菜单列表，现在有的已经不常用了。

2. 编号列表

编号列表标记用<ol>…</ol>标签。

语法：
```
<ol type="value 1" start ="value 2">
    <li>编号 1
    <li>编号 2
    <li>编号 3
```

…

</ol>

在这里有两个属性：一个是 type 属性；另一个是 start 属性。

type 属性可以控制编号的种类。

语法：type=1 或 A 或 a 或 I 或 i。

说明：

1：表示序号为数字；

A：表示序号为大写字母；

a：表示序号为大写字母；

I：表示序号为大写罗马数字；

i：表示序号为小写罗马数字。

start 属性是编号的开始序号，语法：start=n（n 可以是 2、c 或 vi）

3. 嵌套列表

嵌套列表指的是多于一级层次的列表，一级项目下面可以存在二级项目、三级项目等。项目列表可以进行嵌套，以实现多级项目列表的形式。

（1）嵌套定义列表。

嵌套定义列表是一种两个层次的列表，用于解释名词的定义，名词是第一层次，解释是第二层次，且不包含项目符号。

语法：<dl>

<dt> 名词

<dd> 解释

…

</dl>

（2）嵌套无序和编号列表。

这种嵌套是最常见的列表嵌套，重复地使用<ol>和<u>标记。

2.3.2　案例步骤

1. 列表符号

记事本中的代码如下：

```
<html>
<head>
 <title>列表符号</title>
</head>
<body>
 <b>无序列表</b>
     <ul>
       <li>Coffee</li>
       <li>Milk</li>
     </ul>
 <b>有序列表</b>
```

```
    <ol>
      <li>Coffee</li>
      <li>Milk</li>
    </ol>
<b>定义列表</b>
    <dl>
      <dt>Coffee</dt>
        <dd>Black hot drink</dd>
      <dt>Milk</dt>
        <dd>White cold drink</dd>
    </dl>
<b>菜单列表</b>
    <menu>
      <li>Coffee</li>
      <li>Milk</li>
    </menu>
</body>
</html>
```

显示效果如图 1-12 所示。

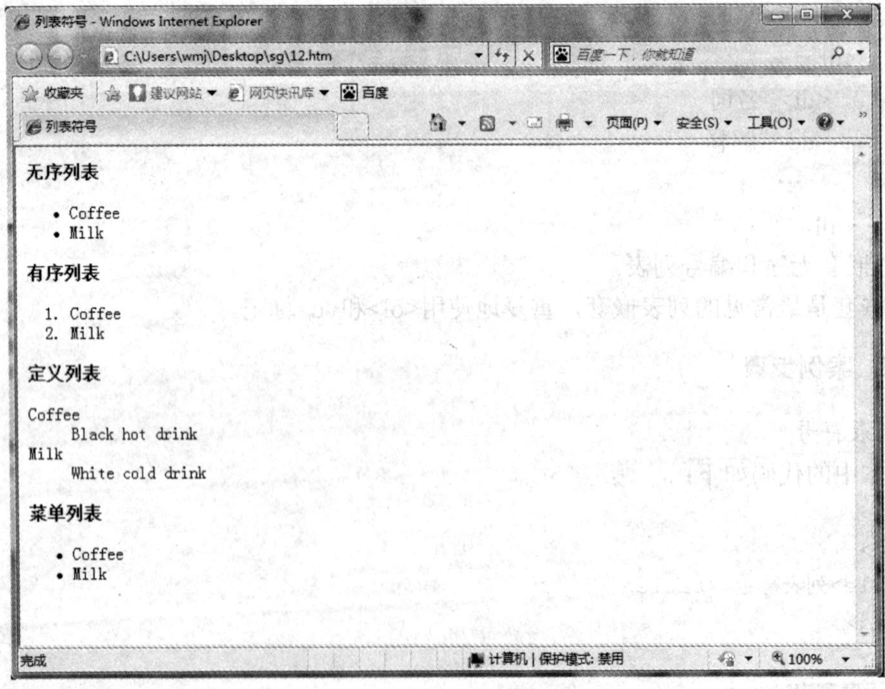

图 1-12 列表符号效果

2. 目录列表

记事本中的代码如下：

```
<html>
<head>
```

```
 <title>目录列表</title>
</head>
<body>
 <b>教学大纲</b>
   <dir>
     <li>课程性质和任务
     <li>课程教学目标
     <li>教学内容和要求
     <li>基础教学模块
     <li>实践教学模块
     <li>大纲说明及教学建议
     <li>学时分配
   </dir>
</body>
</html>
```

显示效果如图 1-13 所示。

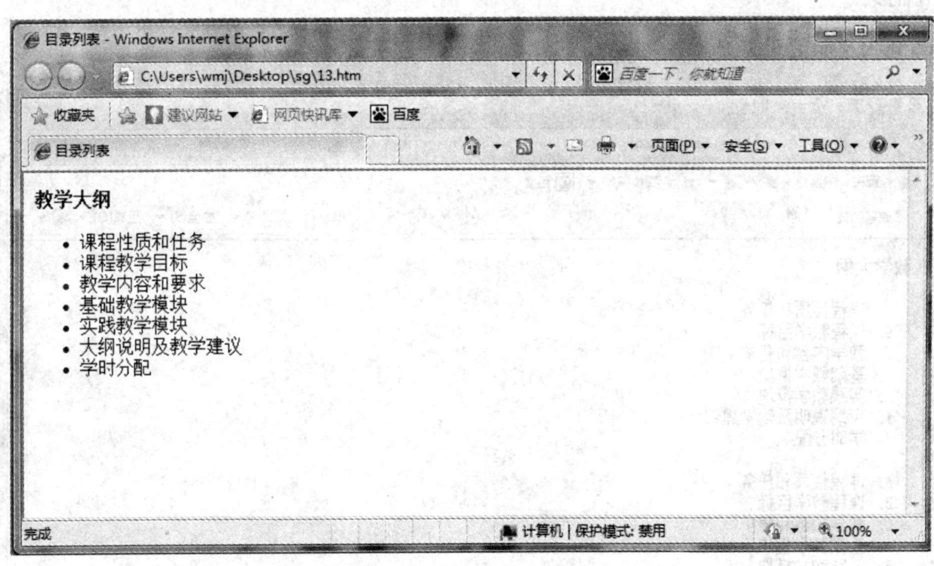

图 1-13 目录列表效果

3. 编号列表

记事本中的代码如下：

```
<html>
<head>
 <title>编号列表</title>
</head>
<body>
 <b>教学大纲</b>
   <ol type=a start=4>
     <li>课程性质和任务
     <li>课程教学目标
```

```
    <li>教学内容和要求
    <li>基础教学模块
    <li>实践教学模块
    <li>大纲说明及教学建议
    <li>学时分配
  </ol>
  <ol type=A>
    <li>课程性质和任务
    <li>课程教学目标
    <li>教学内容和要求
    <li>基础教学模块
    <li>实践教学模块
    <li>大纲说明及教学建议
    <li>学时分配
  </ol>
</body>
</html>
```

显示效果如图 1-14 所示。

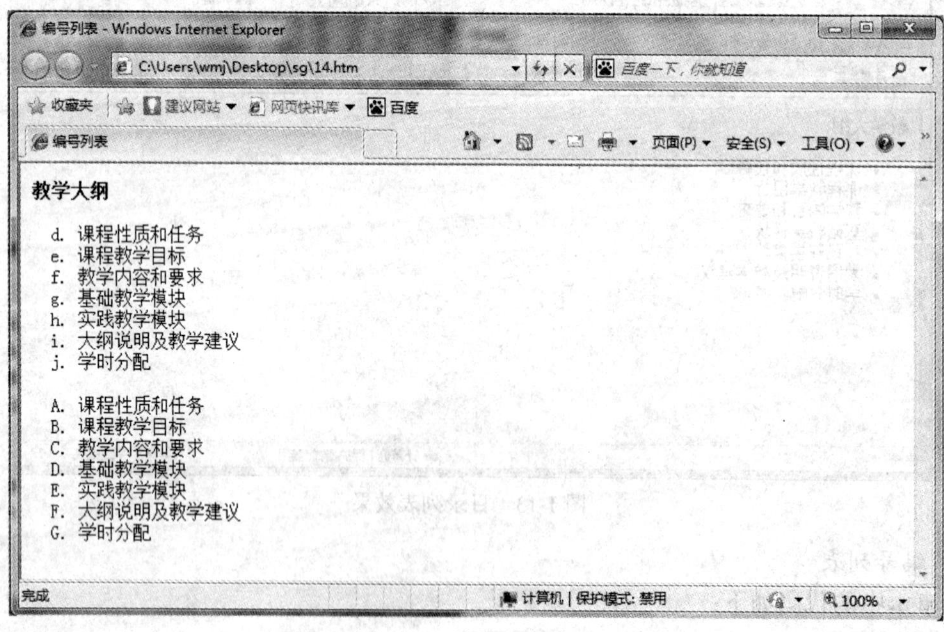

图 1-14 编号列表效果

4. 嵌套列表

记事本中的代码如下：

```
<html>
<head>
  <title>嵌套列表</title>
</head>
<body>
```

```
  <b>嵌套定义列表</b>
   <dl>
     <dt>专有名词
       <dd>表示具体的人，事物，地点，团体或机构的专有名称（第一个字母要大写）
     <dt>普通名词
         <dd>表示某些人，某类事物，某种物质或抽象概念的名称。普通名词又可进一步分为四类。
   </dl>
  <b>嵌套无序和编号列表</b>
   <ul type=square>
   <li><u>图像设计软件</u>
          <ol type=I>
            <li>Photoshop
            <li>Illustrator
            <li>Freehand
            <li>CorelDraw
          </ol>
   <li><u>网页制作软件</u>
       <ol type=I>
         <li>Dreamweaver
         <li>Frontpage
         <li>Golive
       </ol>
   </ul>
</body>
</html>
```

显示效果如图 1-15 所示。

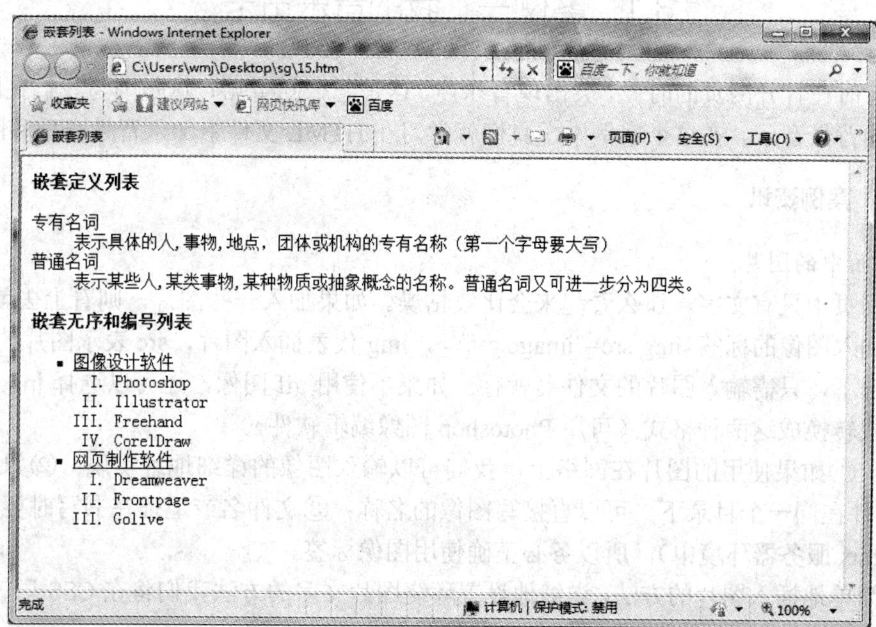

图 1-15 嵌套列表效果

任务三　插入图片和多媒体让网页更生动

- 我的音乐贺卡。
- 我的网页也能看电影。
- 我的滚动相册。

案例资讯

- 页面中的图片。
- 背景音乐。
- 插入 AVI 格式文件。
- 插入 FLASH 动画。
- 滚动。

我们通过这个任务来学习在 HTML 中加入图片、声音等，使我们做出来的网页更加生动。

3.1　案例一　我的音乐贺卡

我们有时在打开网页的时候，会出现音乐声，这是怎么回事呢？这是因为我们在网页中加入了隐藏的背景音乐。在这个案例中，我们就学习在 HTML 文件中加入背景音乐和图片。

3.1.1　案例资讯

1．页面中的图片

如果网页中只有文字，那么看起来会比较枯燥。如果加入一些图片，则看上去就会丰满。在页面中加入图像的标签<img src="image.gif/">，img 代表插入图片，src 表示图片的路径。D 大多数情况下，只需输入图片的文件名就行。如果不使用 gif 图像，还可以选择 jpg 图像或者是其他格式转换成这两种格式（可用 Photoshop 图像编辑软件）。

说明：①如果使用的图片在网络上，我们可以输入图像的详细地址实现；②如果图像和 HTML 文件在同一个目录下，可以直接写图像的名称；③文件名或地址在书写时要区分大小写（在 Linux 服务器环境中），所以务必正确使用图像标签。

这是简单地插入图片的方法，详细地设置环绕图片文字的方法我们将在 CSS 语言中学习。

2. 背景音乐

在网页中添加背景音乐的方法一般有两种：<bgsound>标签和<embed>标签。前一种是和Dreamweaver 连用的，我们这里主要介绍<embed>标签。

语法：<embed　autostart="true">

autostart：用来设置打开页面时音乐是否自动播放。

其他的参数如下：

loop：可以决定当前音乐文件是否循环播放，值为 true 时表示循环播放，false 表示播放一次即停止（loop 默认值为 false），-1 表示音乐无限循环播放，将设置播放次数改成相应的数字即可；

width：调整浏览器插件在页面中的宽度；

height：调整浏览器插件在页面中的高度；

hidden：用来隐藏插件的控制面板，使其在后台播放，以免破坏网站的页面布局；

balance：设置音乐的左右均衡；

delay：设置进行播放延时；

volume：设置音量。

3.1.2　案例步骤

1. 插入图片

记事本中的代码如下：

```
<html>
<head>
 <title>牡丹江简介</title>
</head>
<body>
 <p>牡丹江简介<br>
        牡丹江市位于黑龙江省东南部，北邻依兰县和勃利县，东俄罗斯
    接壤。<br>
        牡丹江市是黑龙江省东南部的政治、经济、文化中心。<br>
        牡丹江市资源丰富，风景秀丽，交通便利。<br>
   <img src="镜泊湖 1.jpg" /><br>
 </p>
</body>
</html>
```

显示效果如图 1-16 所示。

2. 插入背景音乐

记事本中的代码如下：

```
<html>
<head>
 <title>背景音乐</title>
</head>
<body>
 <p>牡丹江简介<br>
      牡丹江市位于黑龙江省东南部，北邻依兰县和勃利县，东俄罗斯接
  壤。<br>
```

图 1-16　插入图片效果

```
        牡丹江市是黑龙江省东南部的政治、经济、文化中心。<br>
        牡丹江市资源丰富，风景秀丽，交通便利。<br>
    <img src="镜泊湖 1.jpg" /><br>
  </p>
    <embed src="牡丹江.mp3" autostart="true" loop="true" width="400" height="20"
    hidden="true">
</body>
</html>
```

说明：不隐藏时把 hidden="true"代码去掉。

显示效果如图 1-17 所示。

图 1-17　插入背景音乐效果

3.2　案例二　我的网页也能看电影

在前面的案例中，我们已经学会在页面中加入图片和音乐，那么在这个案例中，我们主要学习在 HTML 文件中加入 AVI 格式和 FLASH 动画方法，使我们做的网页也能像电影一样。

3.2.1　案例资讯

有时我们在浏览网页的时候，会想看带有视频的内容，那么我们在做网页时就要学会怎样加入这样的文件。下面就来学习一下。

1. 插入 AVI 格式文件

用浏览器可以播放的视频的格式有：MOV 格式和 AVI 格式。

插入 AVI 格式的文件要用到<embed>标签，所连接的文件（AVI 格式的文件）放在< embed ></embed>之间。

语法：< embed src="文件名.avi"　></embed>

说明：src 后面的地址是相对的，一般直接输入文件名即可，也可以直接链接网上的地址。

2. 插入 FLASH 动画

主要也是使用<embed>标签，所连接的 FLASH 动画放在< embed ></embed>之间。

语法：< embed src="文件名.swf"　></embed>

说明：src 后面的地址也是相对的，一般直接输入文件名（或此文件的绝对路径）即可，也可以直接链接网上的地址。我们要注意，FLASH 地址后面必须空一个格，否则无法显示。

3.2.2　案例步骤

1. 插入 AVI 格式文件

记事本中的代码如下：

```
<html>
<head>
  <title>播放视频</title>
</head>
<body>
  <b><font size=4>播放视频 AVI</font></b>
  <p>
  <embed src="mudanjian.avi" autostart=false loop=false width=350 height=250>
  </p>
</body>
</html>
```

显示效果如图 1-18 所示。

2. 插入 FLASH 动画

记事本中的代码如下：

```
<html>
<head>
  <title>插入 FLASH 动画</title>
```

图 1-18 插入 AVI 格式文件效果

```
</head>
<body>
   <p>牡丹江简介<br>
          牡丹江市位于黑龙江省东南部，北邻依兰县和勃利县，东俄罗
      斯接壤。<br>
          牡丹江市是黑龙江省东南部的政治、经济、文化中心。<br>
          牡丹江市资源丰富，风景秀丽，交通便利。<br>
   </p>
   <embed src="荷塘月色.swf "></embed>
</body>
</html>
```

显示效果如图 1-19 所示。

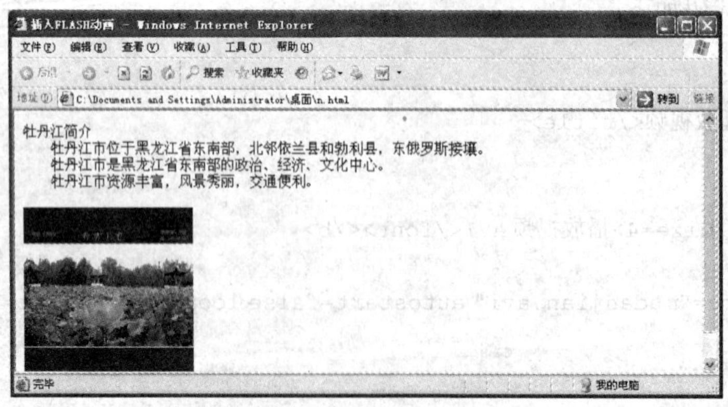

图 1-19 插入 FLASH 动画效果

3.3 案例三 我的滚动相册

在这个案例中，我们主要学习在 HTML 文件中加入滚动的样式，使我们做的网页像电影里的字幕一样可以滚动着看，增强效果。

3.3.1　案例资讯

我们在浏览网页的时候（如我校网站），大家会看到许多图片在不停地动，要么是从上到下，要么是从左到右，这是怎么做到的呢？下面我们就来学习一下。

滚动

网页中的滚动要用<marquee>标签。

语法：<marquee scrollamount=2 width=300>我是滚动的文字</marquee>

<marquee scrollamount=2 width=300><IMG src="图片连接地址 " border=0></marquee>

各参数详解如下：

align：设定活动字幕的位置，除了居左、居中、居右三种位置外，还增加了 align=top 和 align=bottom 两种位置。

scrollamount：表示滚动字幕的滚动速度，值越大速度越快。如果没有它，则默认为 6，建议设为 1～3 比较好。单位是像素。

width 和 height：表示滚动区域的大小，width 是宽度，height 是高度。特别是在做垂直滚动的时候，一定要设 height 的值。

direction：表示滚动的方向，默认为从右向左，可选的值有 right、down、up。滚动方向分别为：right 表示从左向右，up 表示向上，down 表示向下。

scrolldelay：用来控制速度，默认为值 90，值越大速度越慢，值越小速度越快。如果延迟时间设置过大，会出现走走歇歇的效果。实际应用中，延迟时间和滚动速度要一起设置，这样效果会明显。通常 scrolldelay 是不需要设置的。单位是毫米。

behavior：用它来控制属性，默认为循环滚动，可选的值有 alternate（交替滚动，指的是在两端之间来回滚动）、slide（幻灯片效果，指的是由一端快速滑动到另一端，不再重复）和 scroll（表示从一端滚动到另一端，会重复）。

loop：用于设定滚动的次数。loop=-1 表示一直滚动下去，直到页面更新，并且当滚动方式不是交替滚动时。设置 loop 属性后，文字将不会出现在浏览器内。

Bgcolor：设定活动字幕的背景颜色，可用 RGB、十六进制值的格式或颜色名称来设定。

Hspace：用于设定滚动字幕左右的空白空间，单位是像素。

Vspace：用于设定滚动字幕上下的空白空间，单位是像素。

onMouseout()=this.start()：用于设置鼠标移出该区域时继续滚动。

onMouseover()=this.stop()：用于设置鼠标移入该区域时停止滚动。

注意：不是每个参数都是必须使用的，可以根据需要来适当地选择。

3.3.2　案例步骤

滚动相册

记事本中的代码如下：

```
<html>
<head>
   <title>牡丹江简介</title>
</head>
<body>
```

```
  <p>滚动相册<br>
        牡丹江市位于黑龙江省东南部，北邻依兰县和勃利县，东俄罗
    斯接壤。<br>
        牡丹江市是黑龙江省东南部的政治、经济、文化中心。<br>
        牡丹江市资源丰富，风景秀丽，交通便利。<br>
  </p>
  <div id=butong_net_top style=overflow:hidden;height:200;width:190;>
  <div id=butong_net_top1>
    <img src="镜泊湖 1.jpg">
    <img src="镜泊湖 2.jpg">
    <img src="雪乡 1.jpg">
    <img src="雪乡 2.jpg">
    <img src="雪乡 3.jpg">
  </div>
  <div id=butong_net_top2></div>
  </div>
  <script>
    var speed=30
    butong_net_top2.innerHTML=butong_net_top1.innerHTML
    function Marquee1(){
    if(butong_net_top2.offsetTop-butong_net_top.scrollTop<=0)
    butong_net_top.scrollTop-=butong_net_top1.offsetHeight
    else{
    butong_net_top.scrollTop++;}}
    var MyMar1=setInterval(Marquee1,speed)
    butong_net_top.onmouseover=function() {clearInterval(MyMar1)}
    butong_net_top.onmouseout=function(){MyMar1=setInterval(Marquee1,speed)}
  </script>
</body>
</html>
```

注意：上述例子中的<div>和<script>将在后面的 JavaScript 语言中学习。

显示效果如图 1-20 所示。

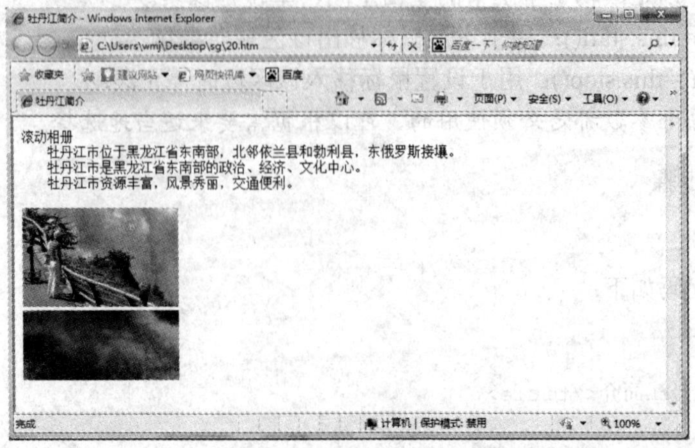

图 1-20　滚动相册效果

任务四 如何实现页面的跳转

- 用文字来进行超链接。
- 用图像制作导航条。

- 内部链接。
- 外部链接。
- 脚本链接。
- 空链接。
- 锚点连接。
- 图像映射。

我们在阅读网页时，经常会单击某些文字或图片就会打开另一个网页，比如大家都会经常上网查资料，一般都是输入关键字，然后链接到相关的网址和网站，那么这是怎么实现的呢？在这个任务中，我们将学习在网页中从一个页面跳转到另一个页面。

4.1 案例一 用文字来进行超链接

我们看到的网页都是有链接的，按照链接路径的不同，网页中的超链接一般分为三种类型：内部链接、锚点链接和外部链接。如果按照使用对象的不同，网页中的链接又可以分为：文本超链接、图像超链接、E-mail 链接、锚点链接、多媒体文件链接和空链接等。

4.1.1 案例资讯

在学习本案例之前，先了解一下什么是超链接。所谓“超链接”，是指从一个网页指向一个目标的连接关系，这个目标可以是另一个网页，也可以是相同网页上的不同位置，还可以是一张图片、一个电子邮件地址、一个文件，甚至是一个应用程序。而在一个网页中，用来超链接的对象可以是一段文本，也可以是一张图片。当浏览者单击已经链接的文字或图片后，链接目标将显示在浏览器上，并且根据目标的类型来打开或运行。下面分别介绍这些链接。

1. *内部链接*

在 HTML 中，我们通过<a>标签来创建链接。使用<a>标签有两种方式：一个利用是 href 属性；另一个是利用 name 属性。href 属性是创建指向另一个链接，即外部链接；name 属性是创建文档内的书签，即内部链接。

<a>可以指向任何一个文件源：一个 HTML 网页、一张图片、一个影视文件等。

语法：<a name="链接的地址"> 链接的显示文字 </a>

说明：这个链接的地址是本网页的。

2. 外部链接

语法：<a href="链接的地址"> 链接的显示文字 </a>

说明：href 所链接的地址是其他网页的。

3. 脚本链接

在 HTML 中的脚本使用<script>标签进行定义时，也可以使用 type 属性来指定脚本语言。

如果浏览器没办法识别 <script> 标签，那么 <script> 标签所包含的内容将以文本形式显示在页面上。为了避免这种情况发生，应将脚本隐藏在注释标签中。那些老的浏览器（无法识别 <script> 标签的浏览器）将忽略这些注释，所以不会将标签的内容显示到页面上。而那些新的浏览器将读懂这些脚本并执行，即使代码被嵌套在注释标签内。我们在后面 CSS 中学习的外部样式也是脚本链接的表现形式。

4. 空链接

空链接是未指派的链接。空链接用于向页面上的对象或文本附加行为。例如，可向空链接附加一个行为，以便在指针滑过该链接时会交换图像或显示绝对定位的元素（AP 元素）。使用的是 title 属性。

语法：<a href="链接的地址" title="显示的注释"> 链接的显示文字</a>

5. 锚点链接

实际上，锚点链接是内部链接的一种特例。所谓“锚点链接”，是指同一页面中的不同位置链接。例如，一个很长的页面，在页面的最下方有一个“返回页首”的文字，单击链接后，可以跳转到这个页面的最顶端，这就是一种最典型的锚点链接。通过单击命名锚点，能够快速重定向网页特定的位置（如快速到页首、页尾或者网页中某篇文章处），便于浏览者查看网页内容。类似于我们阅读书籍时的目录页码或章回提示。

语法：<a name="label"> text to be displayed </a>

4.1.2 案例步骤

1. 内部链接

记事本中的代码如下：

```
<html>
<head>
  <title>锚点链接</title>
</head>
  <body>
  <p>
    <a href="#S6" >参见第六章</a>
  </p>
  <p>
  <a name="S1"><h2>第 1 章</h2></a>
  <p>这是站长网 信息工程学院 xxgc.com/html- 静态网页编程基础。</p>
```

```
    <a name="S2"><h2>第 2 章</h2></a>
    <p>这是站长网 信息工程学院 xxgc.com/html- 静态网页编程基础。</p>
    <a name="S3"><h2>第 3 章</h2></a>
    <p>这是站长网 信息工程学院 xxgc.com/html- 静态网页编程基础。</p>
    <a name="S4"><h2>第 4 章</h2></a>
    <p>这是站长网 信息工程学院 xxgc.com/html- 静态网页编程基础。</p>
    <a name="S5"><h2>第 5 章</h2></a>
    <p>这是站长网 信息工程学院 xxgc.com/html- 静态网页编程基础。</p>
    <a name="S6"><h2>第 6 章</h2></a>
    <p>这是站长网 信息工程学院 xxgc.com/html- 静态网页编程基础。</p>
</body>
</html>
```

显示效果如图 1-21 所示。

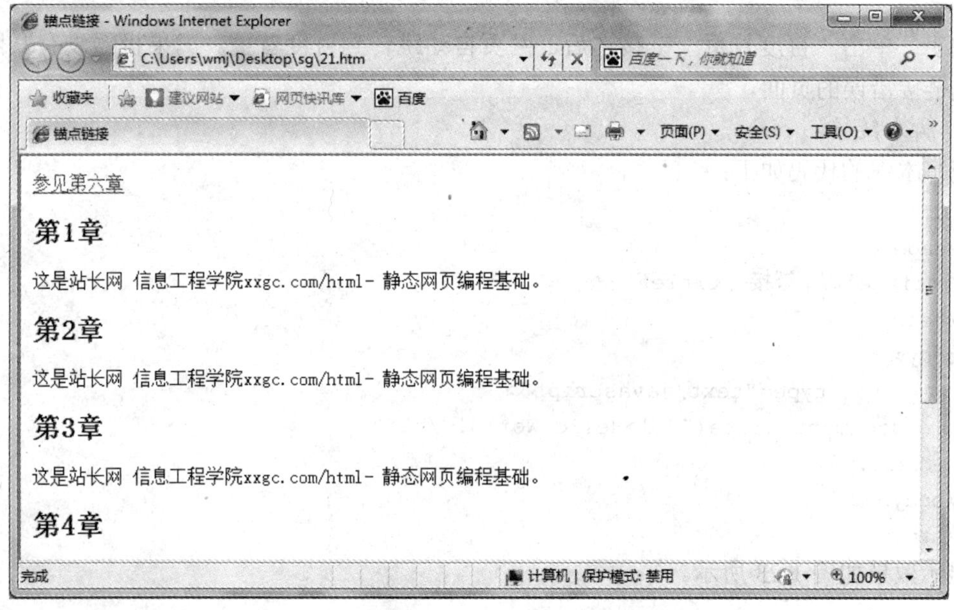

图 1-21　内部链接效果

2. 外部链接

记事本中的代码如下：

```
<html>
<head>
    <title>外部链接</title>
</head>
<body>
    <a href="http://www.baidu.com">百度首页</a>
</body>
</html>
```

显示效果如图 1-22 所示。

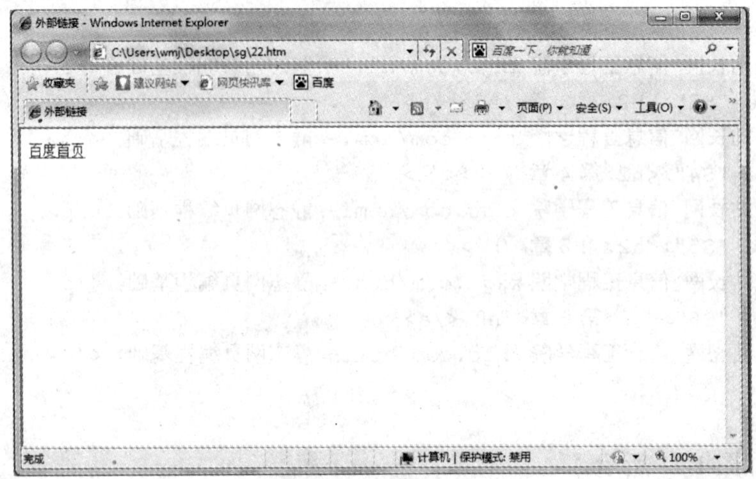

图 1-22　外部链接效果

说明：单击“百度首页”链接之后，网页自动跳转到百度首页。如果机器没有联网，就会出现链接错误的页面。

3．脚本链接

记事本中的代码如下：

```
<html>
<head>
  <title>脚本链接</title>
</head>
<body>
  <script type="text/javascript">
    document.write("<h1>Hello World!</h1>")
  </script>
</body>
</html>
```

显示效果如图 1-23 所示。

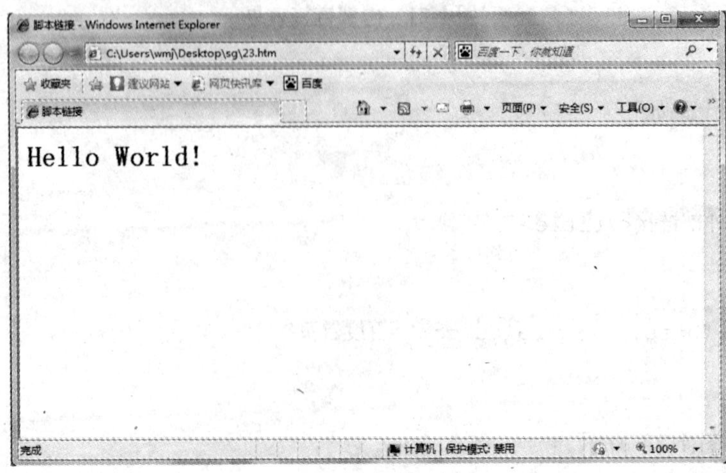

图 1-23　脚本链接效果

4. 空链接

记事本中的代码如下：

```
<html>
<head>
  <title>空链接</title>
</head>
<body>
  <p>
    <a href="#" title="详情请参考静态网页编程基础">参见第二章</a>
  </p>
  <p>
  <a name="S1"><h2>第 1 章</h2></a>
  <p>这是站长网 信息工程学院 xxgc.com/html- 静态网页编程基础。</p>
  <a name="S2"><h2>第 2 章</h2></a>
  <p>这是站长网 信息工程学院 xxgc.com/html- 静态网页编程基础。</p>
  <a name="S3"><h2>第 3 章</h2></a>
</body>
</html>
```

显示效果如图 1-24 所示。

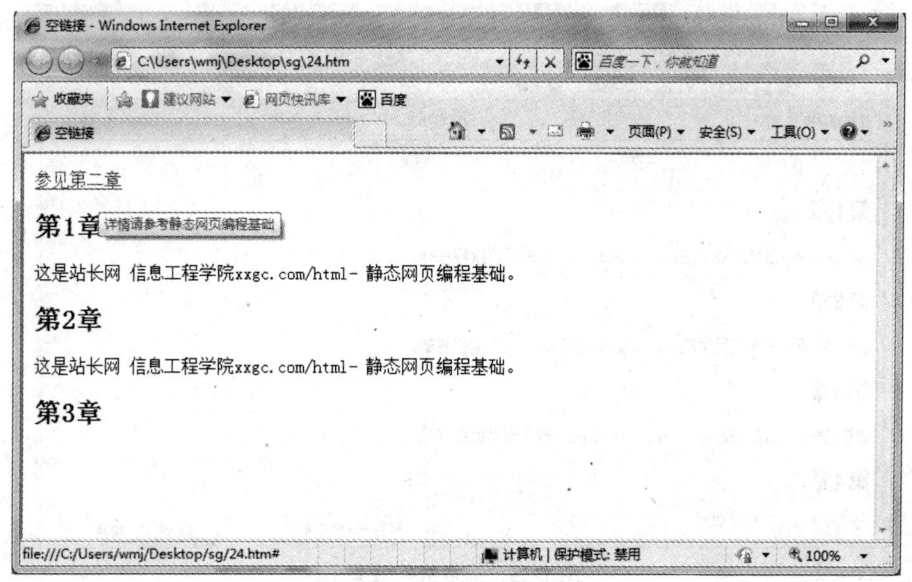

图 1-24 空链接效果

5. 锚点链接

记事本中的代码如下：

```
<html>
<head>
  <title>锚点链接</title>
</head>
<body>
```

```
  <p>
    <a href="#S6" >参见第六章</a>
  </p>
  <p>
  <a name="S1"><h2>第 1 章</h2></a>
  <p>这是站长网 信息工程学院 xxgc.com/html- 静态网页编程基础。</p>
  <a name="S2"><h2>第 2 章</h2></a>
  <p>这是站长网 信息工程学院 xxgc.com/html- 静态网页编程基础。</p>
  <a name="S3"><h2>第 3 章</h2></a>
  <p>这是站长网 信息工程学院 xxgc.com/html- 静态网页编程基础。</p>
  <a name="S4"><h2>第 4 章</h2></a>
  <p>这是站长网 信息工程学院 xxgc.com/html- 静态网页编程基础。</p>
  <a name="S5"><h2>第 5 章</h2></a>
  <p>这是站长网 信息工程学院 xxgc.com/html- 静态网页编程基础。</p>
  <a name="S6"><h2>第 6 章</h2></a>
  <p>这是站长网 信息工程学院 xxgc.com/html- 静态网页编程基础。</p>
</body>
</html>
```

显示效果如图 1-25 所示。

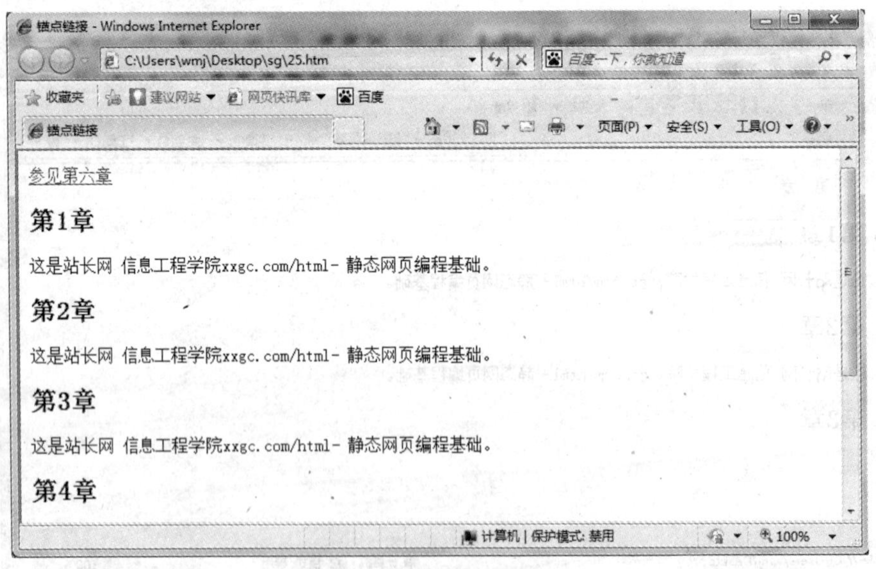

图 1-25　锚点链接效果

说明：我们单击“参见第六章”时，如果当前的网页上可以直接看见这个内容，则网页不会动；如果当前网页看不见，则网页就会直接打开到能看到这段内容为止。

上网查询资料时，一般都是输入关键字，然后链接到相关的网址和网站。

4.2　案例二　用图像制作导航条

在一个网站中，导航栏用于帮助浏览者从一个页面跳转到需要查看的栏目。合理地使用导航栏可以使网页层次分明，并且可以替代超级链接使用。很多时候，网站间的不同页面都使用同一个导航栏，简单的导航栏可以直接用文字链接完成，但更多的网站的导航栏是由一幅图像或一组图像制作而成。即当看到页面时，使用的是一幅或一组图像，当鼠标指针移动到导航栏上时，使用的是另一幅或另一组图像。这种图像的交替使用不仅使网站给浏览者留下良好的印象，而且给人以动感，因此被广泛使用。

4.2.1 案例资讯

在这个案例中，我们将讲解一下图像映射和用图像来制作导航。

图像映射

图像映射是一个能对链接指示作出反应的图形或文本框。单击该图形或文本框的已定义区域，可转到与该区域相链接的目标（URL）。

图像映射分为两种类型：①在从 Internet 装入图形的客户机上进行处理的，称为客户端图像映射；②在向 Internet 提供 HTML 页面的服务器计算机上进行处理的，称为服务器端图像映射。在服务器处理中，单击某个图像映射会将该图像中光标的相对坐标发送到服务器，并由服务器上的专用程序作出相应的反应。在客户端处理中，单击图像映射的已定义热点将激活 URL，这与单击了普通文本链接的效果类似。当鼠标指针移到图像映射上时，会在指针下方显示 URL。

定义映射区域使用 map 标记符，在<map>和</map>之间添加映射区域。添加映射区域使用 area 标记符，该标记符具有三个基本属性：href、shape 和 default。

href：标识出目标的 URL；

shape：说明映射区域的形状。取值为：rect（矩形）、circle（圆形）、poly（多边形）；

default：整个图像区域，coords 用于标识映射区域的边界。

语法：
```
<map name="mymap">
        <area href=URL1 shape=rect coords="x1,y1,x2,y2">
        <area href=URL2 shape=circle coords="x,y,r">
        <area href=URL3 shape=poly coords="x1,y1,x2,y2,...,xn,yn">
</map>
<img src=image_URL usemap=#mymap>
```

注意：map 标记符中，name 属性的取值必须与 img 标记符中 usemap 属性的取值相同，只是 usemap 属性的值前面多了一个#。

4.2.2 案例步骤

图像映射

记事本中的代码如下：

```
<html>
<head>
  <style type="text/css">
    #nav li {
    float:left;
```

```
    margin:2px;间距 2PX
    }
    #nav li a {
    color:#000000;字体为黑色
    text-decoration:none; 对文本设置某种效果
    padding-top:4px; 设置元素上内边距的宽度
    display:block;
    width:100px; 宽为 100 像素
    height:30px; 高为 30 像素
    text-align:center;
    background-color:#DFEBF7; 背景颜色为蓝色
    font-size:24px; 字体为 24 像素
    }
    #nav li a:hover { 鼠标移动到按钮的状态
    background-color: #A8BC1F;背景颜色
    color:#FFFFFF;字体颜色
    font-size:24px;字体大小 }
  </style>
</head>
<ul id="nav">
<li><a href="#">学院概况</a></li>
<li><a href="#">新闻中心</a></li>
<li><a href="#">机构设置</a></li>
<li><a href="#">教学管理</a></li>
<li><a href="#">招生就业</a></li>
<li><a href="#">实习实训</a></li>
<li><a href="#">精品课程</a></li>
<li><a href="#">校园文化</a></li>
<li><a href="#">价格收费</a></li>
</ul>
<body>
</body>
</html>
```

显示效果如图 1-26 所示。

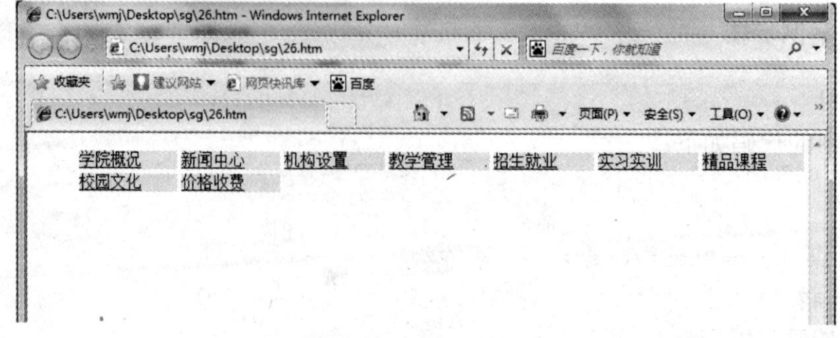

图 1-26　图像映射效果

任务五 学会使用表格

- 制作成绩表。
- 制作课程表。
- 用表格进行复杂网页的布局。

- 表格概述。
- 表格的标题与表头。
- 单元格的合并。
- 表格嵌套。

在这个任务中，我们主要来学习表格。表格是网页制作中使用最多的技术之一，通常用来显示分类数据，在网页中，表格更多地用在网页布局和定位上。通过使用表格的相关属性，可以实现对网页的文字和图片进行合理布局和定位，使得网页在形式上丰富多彩，在组织上井然有序。真是表格在手，一清二楚。

5.1 案例一 制作成绩表

当我们在浏览网页的时候，会看到图文并茂、绚丽多彩、整齐有序的页面，这些页面就是用表格来实现的。在学习制作这样的表格之前，我们先来学习简单的表格制作。

5.1.1 案例资讯

在 HTML 语言中，表格至少由<table>标签、<tr>标签和<td>标签这 3 对标签组成。<table>…</table>标签的中间将包括所有表格元素，表格元素主要有行、列、单元格等。

表格概述

在这个案例中，我们先要了解表格的基本结构。表格是由指定数目的行和列组成的，就像 Word 和 Excel 中有行、列、单元格一样。

（1）表格语法。

语法：<table>…</table>，用于标记表格的开始和结束。

（2）表格属性。

1）<table>标记属性。

<table>标记属性如下：

align：设置表格和页面的对齐方式，取值有 left、center 和 right。

background：设置表格的背景图像。

bgcolor：设置表格的背景颜色。

width：设置表格的宽度，单位默认为像素，也可以使用百分比形式。

height：设置表格的高度，单位默认为像素，也可以使用百分比形式。

cellpadding：设置表格的一个单元格内数据和单元格边框间的边距，以像素为单位。

cellspacing：设置单元格之间的间距，以像素为单位。

2）<tr>标记属性。

<tr>标记用于标记表格一行的开始和结束。常用参数属性如下：

align：设置行中文本在单元格内的对齐方式，取值有 left、center 和 right。

background：设置行中单元格的背景图像。

bgcolor：设置行中单元格的背景颜色。

3）<td>标记属性。

<td>标记用于标记表格内单元格的开始和结束，<td>标记应位于<tr>标记的内部。常用参数属性如下：

align：设置行内容在单元格内的对齐方式，取值有 left、center 和 right。

background：设置单元格的背景图像。

bgcolor：设置单元格的背景颜色。

width：设置单元格的宽度，单位为像素。

height：设置单元格的高度，单位为像素。

（3）表格结构。

新建一个 HTML 文件，在其中建立表格结构，要显示的内容放在<td>和</td>标记之间，而<tr>和</tr>标记之间的信息显示在同一行，标准表格构成结构如下：

```
<table>
    <tr>
        <td>content1</td>
        <td>content2</td>
    </tr>
    <tr>
        <td>content3</td>
        <td>content4</td>
    </tr>
</table>
```

5.1.2 案例步骤

制作成绩表

记事本中的代码如下：

```
<html>
<head>
  <title>成绩表</title>
```

```
</head>
<body>
   <b>学生成绩表</b>
<table border=1>
       <tr><th>语文</th><th>数学</th><th>英语</th>
       <tr><td>90</td><td>85</td><td>98</td>
</table>
</body>
</html>
```

显示效果如图 1-27 所示。

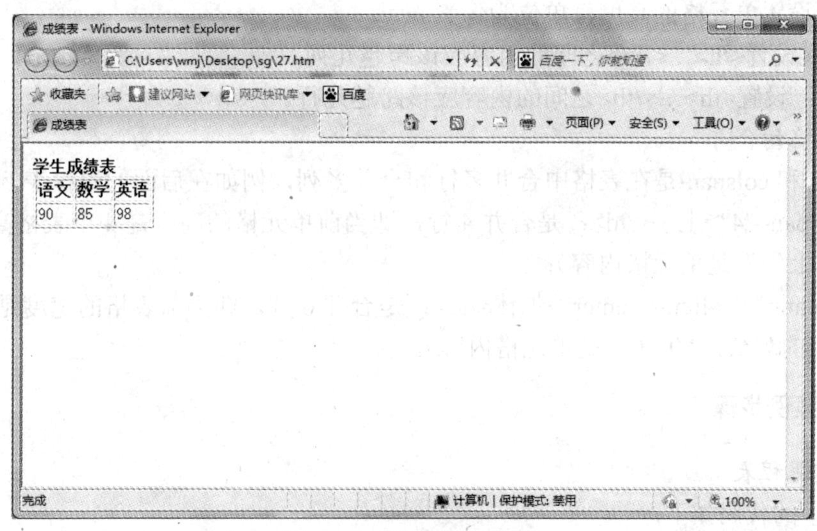

图 1-27　制作成绩表效果

5.2　案例二　制作课程表

前面我们已经学习了怎样制作简单的表格（成绩表），在这个案例中，我们将学习课程表的制作。

5.2.1　案例资讯

我们已经知道了表格的语法和基本结构，那么怎样才能让表格更加美观呢？

1．*表格的标题与表头*

在这个案例中，我们为表格加上标题和表头，使表格看上去更加美观。

（1）表格的标题。

表格的标题就是一个表格外面的标记，用于提示这个表格是什么表格。在 HTML 里用<caption>标签，表格标题的位置可由 align 属性来设置，其位置可以为表格上方或表格下方。下面为表格标题位置的设置格式。

设置标题位于表格上方：

<caption align=top>…</caption>

设置标题位于表格下方：

<caption align=bottom>…</caption>

（2）表格的表头。

用<th>…</th>标签标记表格内表头的开始和结束。

（3）表头的属性。

align：设置在单元格内各种内容的对齐方式，取值有 left、center 和 right。

background：设置单元格的背景图像。

bgcolor：设置单元格的背景颜色。

width：设置单元格的宽度，单位为像素。

height：设置单元格的高度，单位为像素。

colspan：设置<th>…</th>之间的内容应该跨越几列。

rowspan：设置<th>…</th>之间的内容应该跨越几行。

2. 单元格的合并

rowspan 和 colspan 是在表格中合并多行和合并多列，例如在后面的课程表例子中有：

<td rowspan="4">上午</td>：是合并 4 行，即当前单元格的高度是 4 个表格高度（4 是所跨的行数，“上午”是单元格内容）；

<td colspan="6" align="center">午休</td>：是合并 6 列，即当前表格的宽度是 6 个表格宽度（6 是所跨的列数，“午休”是单元格内容）。

5.2.2 案例步骤

1. 制作课程表

记事本中的代码如下：

```
<html>
<head>
  <title>课程表</title>
</head>
<body text=brown>                //设定显示文本颜色
  <table border=1 align=center>                //设置带边界表格
    <caption align=top><font size="+2">课程表</font></caption>
        <tr>                                //设置表格的表头
                <th width="35"> </th>
                <th width="52"> 星期一</th>
                <th width="53"> 星期二</th>
                <th width="52"> 星期三</th>
                <th width="53"> 星期四</th>
                <th width="51"> 星期五</th>
        </tr>
        <tr>
                <td rowspan="4">上午</td>          //合并 4 行
                <td><div align="center">Java</div></td>
                <td><div align="center">DB2</div></td>
                <td><div align="center">Java2</div></td>
```

```
                <td><div align="center">linux</div></td>
                <td><div align="center">Web</div></td>
        </tr>
        <tr>
                <td><div align="center">Java</div></td>
                <td><div align="center">DB2</div></td>
                <td><div align="center">Java2</div></td>
                <td><div align="center">linux</div></td>
                <td><div align="center">Web</div></td>
        </tr>
        <tr>
                <td><div align="center">Java</div></td>
                <td><div align="center">DB2</div></td>
                <td><div align="center">Java2</div></td>
                <td><div align="center">linux</div></td>
                <td><div align="center">Web</div></td>
        </tr>
        <tr>
                <td><div align="center">Java</div></td>
                <td><div align="center">DB2</div></td>
                <td><div align="center">Java2</div></td>
                <td><div align="center">linux</div></td>
                <td><div align="center">Web</div></td>
        </tr>
        <tr>
                <td colspan="6" align="center">午 休</td>//合并 6 列
        </tr>
        <tr>
                <td rowspan="2">下午</td>                //合并 2 行
                <td><div align="center">Java</div></td>
                <td><div align="center">DB2</div></td>
                <td><div align="center">Java2</div></td>
                <td><div align="center">linux</div></td>
                <td><div align="center">Web</div></td>
        </tr>
        <tr>
                <td><div align="center">Java</div></td>
                <td><div align="center">DB2</div></td>
                <td><div align="center">Java2</div></td>
                <td><div align="center">linux</div></td>
                <td><div align="center">Web</div></td>
        </tr>
  </table>
  </body>
</html>
```

显示效果如图 1-28 所示。

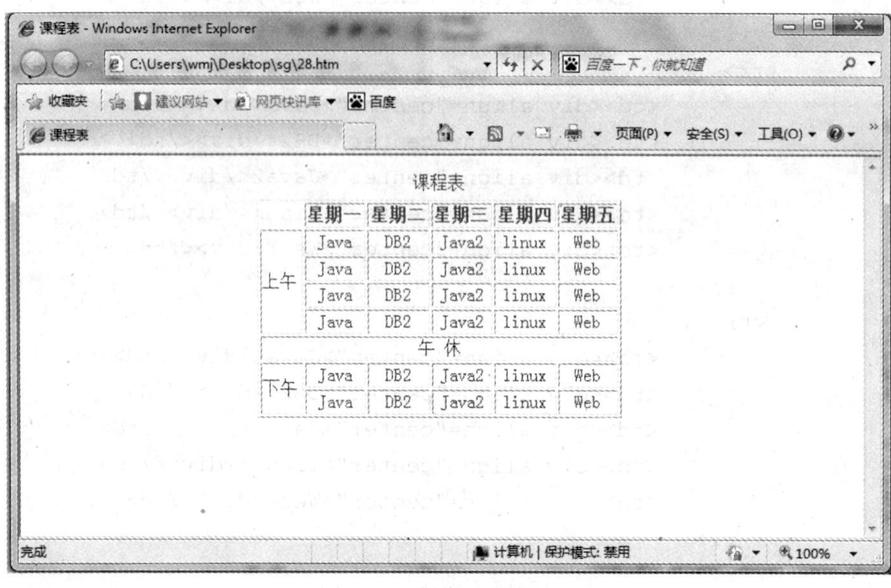

图 1-28　制作课程表效果

2. 单元格的合并

记事本中的代码如下：

```
<html>
<head>
<title>合并单元格 1</title>
<body>
   <table border="1">
      <tr>
           <td >手机充值、IP 卡</td>
           <td colspan="2">办公设备、文具</td>
      </tr>
      <tr>
           <td rowspan="2">各种卡的总汇</td>
           <td>铅笔</td>
           <td>彩笔</td>
      </tr>
      <tr>
          <td>打印</td>
          <td>刻录</td>
      </tr>
   </table>
</body>
</html>
```

显示效果如图 1-29 所示。

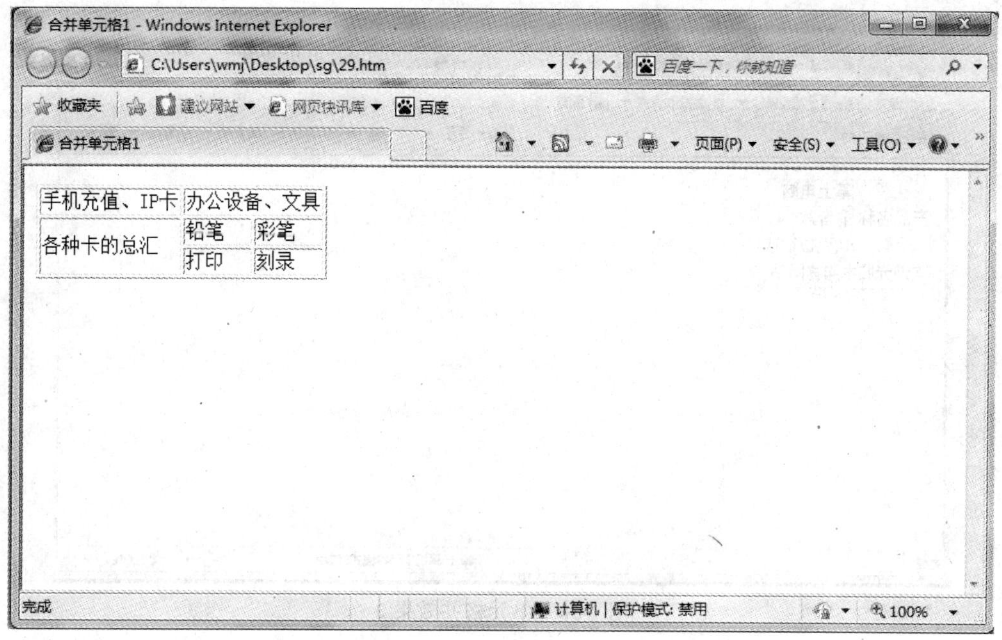

图 1-29　单元格合并效果 1

记事本中的代码如下：

```
<html>
<head>
<title>合并单元格 2</title>
<body>
    <table border="1">
        <tr>
              <td rowspan="3">产品名称</td>
              <td>掌上电脑</td>
        </tr>
        <tr>
              <td>彩音盒</td>
        </tr>
        <tr>
              <td>18 克拉钻戒</td>
        </tr>
        <tr>
             <td colspan="2"><p>欢迎光临本购物网站</p></td>
        </tr>
    </table>
</body>
</html>
```

显示效果如图 1-30 所示。

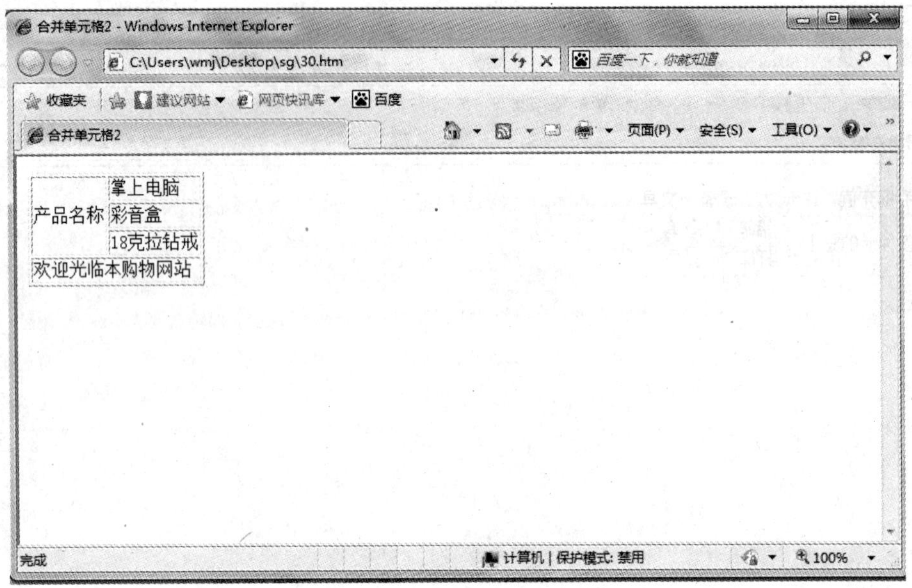

图 1-30 单元格并效果 2

5.3 案例三 用表格进行复杂网页的布局

我们已经学会了怎样建立很漂亮的表格，那么在网页中，我们将怎样利用表格来进行布局呢？在这个案例中我们就会学到，其实主要是学习表格的嵌套。

5.3.1 案例资讯

其实，利用表格进行复杂网页的布局就是把表格进行嵌套。因为在网页中，排版是通过表格的嵌套来完成的，即一个表格内部可以嵌入另一个表格或多个表格。

表格嵌套

为什么在网页布局中会用到表格的嵌套呢？

首先，网页的排版会很复杂，在外部需要有一个表格控制总体布局。如果这时一些内部排版的细节也通过总表格来实现，则容易引起行高、列宽等的冲突，给制作表格带来困难。

其次，浏览器在解析网页时，是将整个表格的结构下载完毕之后才显示表格。如果不使用嵌套，则表格非常复杂，浏览者要等待很长时间才能看到网页的内容。

出于以上原因引入了嵌套表格。由总表格负责整体的排版，由嵌套的表格负责各个子栏目的排版，并插入到总表格的相应位置中，各司其职，互不冲突。这样就完成了网页的布局，可以合理安排网页中的文字、图片等元素。

5.3.2 案例步骤

网页布局

记事本中的代码如下：

```
<html>
<head>
```

```
    <title>网页布局</title>
</head>
<body>
    <table align="center" width="500" height="400" border=1 bordercolor="#00ff99">
        <tbody>
            <tr>
                <td colspan="3" align="center">网站名称
                </td>
            </tr>
            <tr>
                <td width="30%" height="25">网站标题</td>
                <td colspan="2" align="right">搜索框</td>
            </tr>
            <tr>
                <td width="30%">左边</td>
                <td width="40%">中间</td>
                <td>右边</td>
            </tr>
            <tr>
                <td colspan="3" align="center">网站底部信息</td>
            </tr>
        </tbody>
    </table>
</body>
</html>
```

显示效果如图 1-31 所示。

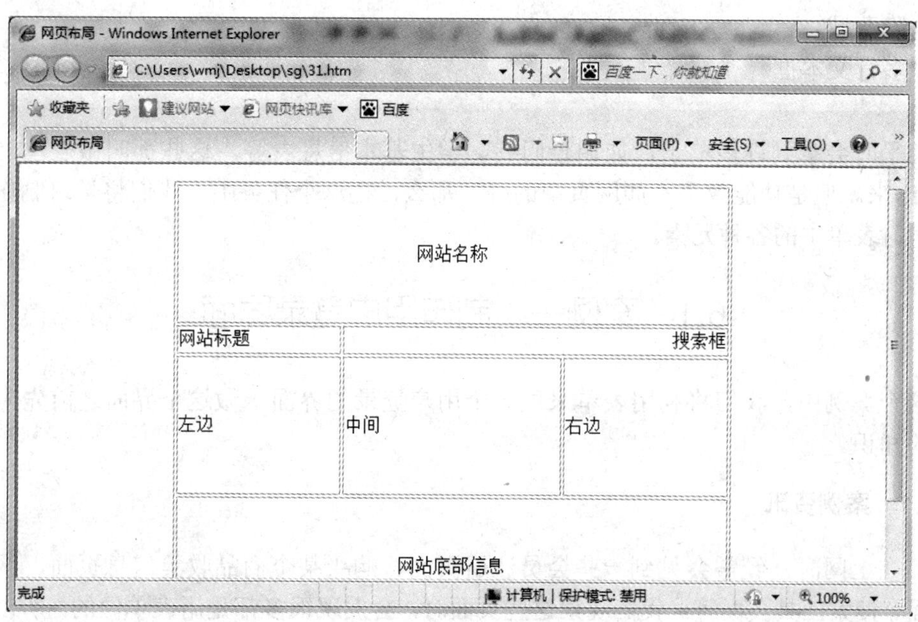

图 1-31 网页布局效果

任务六　会用表单收集用户输入的信息

- 制作用户登录界面。
- 制作用户注册界面。

- 表单概述。
- 单行文本框。
- 密码框。
- 提交按钮。
- 重置按钮。
- 复选框。
- 单选按钮。
- 下拉列表和列表框。
- 普通按钮。
- 图像按钮。
- 隐藏域。
- 多行文本框。

我们平时会拿到许多单子，如调查问卷、学生基本信息表等，这些都叫做表单，可以用 Word 做出来。但是功能效果不如网页中的好，那么，在这个任务中，我们将学习制作表单，并且要学习表单中的各种元素。

6.1　案例一　制作用户登录界面

在这个案例中，我们将利用表单来做一个用户登录的界面。做这个界面之前先来学习一下相关的知识。

6.1.1　案例资讯

我们在上网时，经常会见到一些会员注册页面、购买某个商品收集信息页面、网上调查问卷页面、搜索工具页面等。我们观察这些页面时，会发现很多都是用表单做的，所以表单主要用来收集客户端相关信息，使网页具有交互功能。

1. 表单概述

既然表单是用来收集客户端的相关信息，那么我们主要来看一下都有哪些方面的应用。

（1）在用户注册某种服务或事件时收集姓名、地址、电话号码、电子邮件和其他信息。

（2）收集购买某个商品的订单信息。

（3）收集关于调查问卷的信息。大部分提供服务性的网站都鼓励用户参与调查问卷，提供反馈信息。这些反馈信息除了可以维系良好的客户关系外，还有助于改进和提高网站的服务质量，从而使网站的服务更具人性化，吸引更多的浏览者。

（4）为网站提供搜索工具。提供各种信息的站点通常会为用户提供一个搜索框，使用户能够更快地找到想要的信息。

现在就把表单中所有用到的标记作如下介绍：

（1）<form>标记。

<form>…</form>标记用于表示一个表单的开始和结束，并且通知服务器处理表单的内容。参数分别介绍如下：

name：用于指定表单的名称。

action：用于指定提交表单后，将对表单进行处理的文件路径及名称（即 URL）。

method：用于指定发送表单信息的方式，有 GET 方式（通过 URL 发送表单信息，可以看见里面的信息）和 POST 方式（通过 HTML 发送表单信息，如用户名、密码、信用卡或机密信息等）。

（2）<input>标记。

<input>标记用于在表单内放置表单对象。此标记无须成对使用。它有 type 等参数，对于不同的 type 参数有不同的属性。

1）当 type=text（文本域表单对象，在文本框中显示文字）或 type=password（密码域表单对象，在文本框中显示“*”号代替输入的文字，起保密作用）时，<input>标记的参数介绍如下：

name：用于指定表单文本/密码域对象的名称。

size：文本框在浏览器的显示宽度，实际能输入的字符数由 maxlength 参数决定。

maxlength：在文本框中最多能输入的字符数。

2）当 type=radio（单选钮）或 type=checkbox（复选钮）时，<input>标记的参数介绍如下：

name：用于指定表单单选按钮或复选按钮对象的名称。

value：用于设定单选按钮或复选按钮的值，该值就是浏览器被打开时在文本框中的内容。

checked：可选参数，若带有该参数，则默认状态下该按钮是选中的。同一组 radio 单选按钮（name 属性相同）中最多只能有一个单选按钮带 checked 属性，复选按钮则无此限制。

3）当 type=image（图像）时，<input>标记的参数介绍如下：

name：图像对象的名称。

src：图像文件的名称。

width：图像宽度。

heigh：图像高度。

alt：图像无法显示时的替代文本。

align：图像对象的对齐方式，取值可以是 top、left、bottom、middle 和 right。

（3）<select>和<option>标记。

<select>…</select>标记用于在表单中插入一个列表框对象。它与<option>…</option>标记一起使用，<option>标记为列表框添加列表项。<select>标记的参数介绍如下：

name：指定列表框的名称。

size：指定列表框中显示多少列表项（行），如果列表项数目大于 size 参数值，那么通过滚动条来滚动显示。

multiple：指定列表框是否可以选中多项，默认下只能选择一项。

<option>标签的参数有两个可选参数，即 selected 和 value，分别介绍如下：

selected：用于设定在初始时本列表是被默认选中的。

value：用于设定本列表项的值，如果不设此项，则默认为标签后的内容。

2. 单行文本框

表单在开始和结束时都是带有 form 标记中。form 标记的 name 属性可用于定义（如 name=myform）。然而 name 只有在表单激活过程中才有要求，通过使用 input 标记，我们可以定义单行文本框。

在标记内部，我们给出了称为 type=text 的属性，用来定义类型为单行文本框。input 标记的 name 属性也可用于定义。在单行文本框中显示的属性值通过使用属性 value 给出（如 value=Enter）。

单行文本框的大小通过使用 size，如用 size=50 来设置单行文本框的大小。

注意：我们可以创建不可编辑的单行文本框或者通过使用 readonly 条目让单行文本框只读（如用户不能编辑文本）。

3. 密码框

表单密码字段定义为：input 的 type 属性为 password，其结论为一个显示密码的字段。

禁用密码的字段在 input 标记中加入附加属性 disabled，即可禁用该密码字段。

4. 提交按钮

按钮的标签是<button>，在 button 元素内部可以放置内容，如文本或图像，用来提交表单的信息至服务器。一般表单中必有一个提交按钮。<button>与<input type="button">是相同的。

注意：为按钮规定 type 属性，Internet 浏览器默认为 button，其他浏览器默认为 submit。即使用<button>提交的是<button>与</button>之间的内容（Internet），而其他浏览器提交 value 属性的内容。

5. 重置按钮

重置按钮的作用是清除所填写的信息后重新填写。

6.1.2 案例步骤

制作用户登录界面

记事本中的代码如下：

```
<html>
<head>
   <title>登录界面</title>
</head>
```

```
<body>
  <form action=login_action.jsp method=POST>
    姓名：<input type=text name=姓名 size=16><br>
    密码：<input type=password name=密码 size=16><br>
    性别：<input name="radiobutton" type="radio" value="radiobutton"> 男
    <input name=radiobutton" type="radio" value="radiobutton"> 女<br>
    爱好：<input type="checkbox" name="checkbox" value="checkbox">运动 <input
    type="checkbox" name="checkbox2" value="checkbox"> 音乐<br>
    <input type=submit value="发送"><input type=reset value="重设">
  </form>
</body>
</html>
```

显示效果如图 1-32 所示。

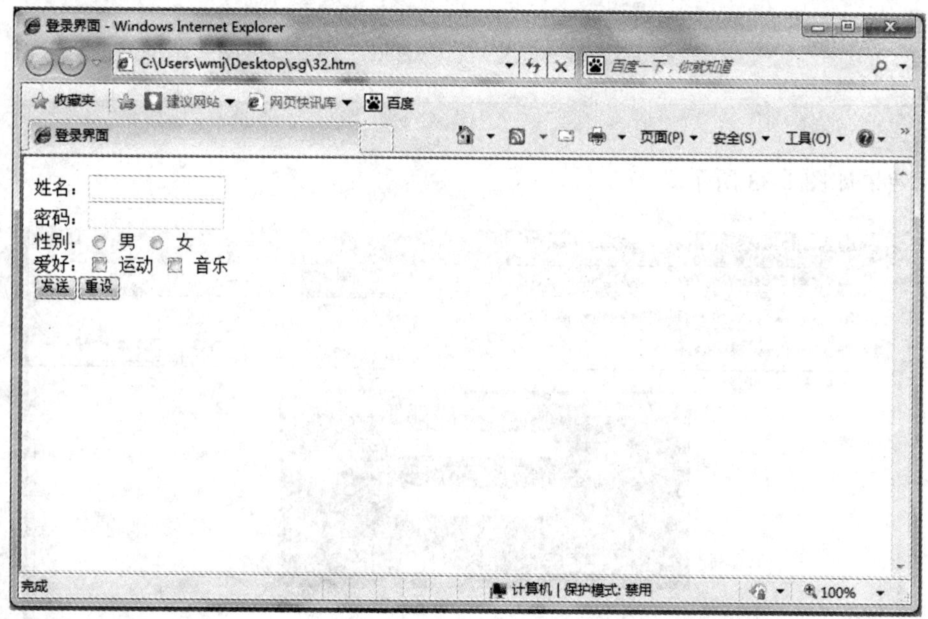

图 1-32　制作用户登录界面效果

或者在记事本中写下如下代码：

```
<html>
<body>
<form>
  <table align="center" bgcolor="blue" width="380">
   <tr bgcolor="#0034ff">
     <th colspan=2 align="center">
       <font color="#ffffff">登录表单
       </font>
     </th>
   </tr>
   <tr><td>用户名：</td>
```

```
      <td width="240" height="50">
        <input type=text name=uname size="20">
      </td>
    </tr>
    <tr><td>密码：</td>
      <td width="240" height="50">
        <input type=password name=ukl size=20></td>
    </tr>
    <tr align="center">
      <td width="115" align="right" height="50">
        <input type=submit value="提交"  name="box"></td>
      <td width="241" height="50">
        <input type=reset value="重填" name="res"></td>
    </tr>
  </table>
 </form>
</body>
</html>
```

显示效果如图 1-33 所示。

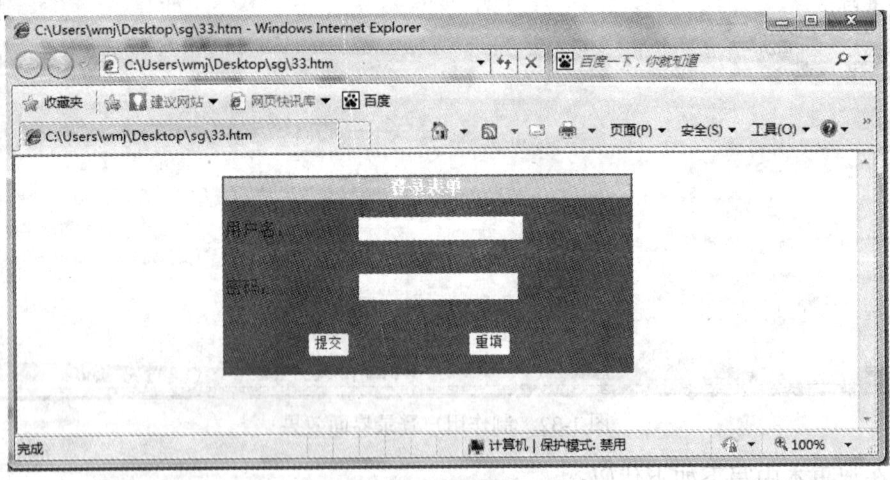

图 1-33　登录表单效果

6.2　案例二　制作用户注册界面

在上一个案例中，我们学习了用表单制作用户登录的界面，在这个案例中，我们将学习利用表单来做一个用户注册的界面。

6.2.1　案例资讯

1. 复选框

在网页中，当用户需要从若干给定的选择中选取一个或若干个选项时，就会用到复选框。

我们使用 input 标记来定义复选框。在标记中称为 type=checkbox 的属性用来定义类型为复选框。name 属性也应当定义，与前者相同。在这种情况下，属性值只有在表单处理过程中才可以使用。

使用 disabled 条目可以创建不可选择的复选框（disable）。

<labcl>标签为 input 元素定义标注（标记），label 元素不会向用户呈现任何特殊效果，不过它为鼠标用户改进了可用性。如果在 label 元素内单击文本，就会触发此控件，即浏览器会自动将焦点转到标签相关的表单控件上。

如：

```
<form>
  <label for="male"> Male </label>
    <input type="radio" name="sex" id="male"><br>
  <label for="female"> Female </label>
    <input type="radio" name="sex" id="female">
</form>
```

显示效果如图 1-34 所示。

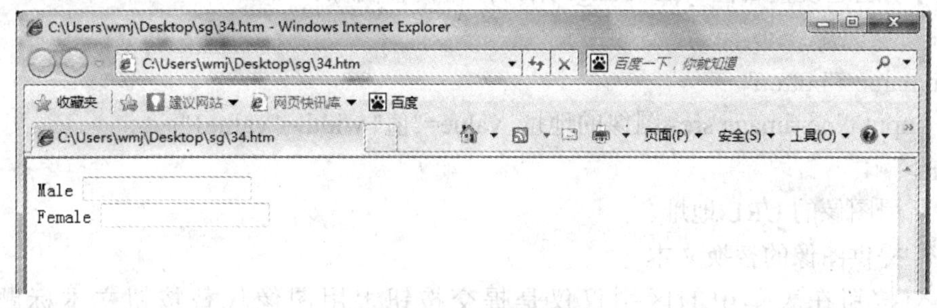

图 1-34　复选框效果

2. 复选按钮

通过使用 input 标记来定义复选按钮。在标记中称为 type=radio 的属性用来定义单选按钮。属性名称也应当定义，与前者相同。在这种情况下，属性值只有在表单处理过程中才可以使用。

注意：这种类型的所有 input 应当有相同的名字，这个名字说明它们是在相同的组。如果每个单选按钮有不同的名字，它们将各自进行动作。

如果我们想显示选择的单选按钮，甚至有时在用户尝试选择之前，则我们应该使用 checked 条目。

通过使用 disabled 条目，我们可以创建“禁用”单选按钮。

3. 下拉列表和列表框

我们可以使用 select 和 option 标记来定义下拉列表和列表框。select 标记用来定义选择框，option 标记用来定义组合框中的选项号码。按照在例子中显示的，我们已经给出了三个选项供用户选择。选项中显示的名称在 option 标记中间给出。

语法：<select name="value1" size="value2"> [multiple]>

<option [selected] value="值"> 选项 1 </option>

<option [selected] value="值"> 选项 2 </option>

…

</select>

name：选项菜单控件的名称。

size：在列表中一次可以看到的选项数目（默认为 1）。

滚动选择项：通过使用 select 标记中的 size 属性来定义选择项的尺寸。

多选择项：通过使用 multiple 条目，我们可以让用户选择多选择项。通过按 shift 键或 Ctrl 键，用户可以选择多选择项。

预选择项：通过使用 selected 条目（初始为选中），可以对选项进行预选择。

4. 普通按钮

使用 input 标记来创建按钮。我们设置属性 type=button 来定义该元素为按钮，属性 name 一般应设置此按钮本身的名字。要在按钮上显示的文字，应该通过 value 属性给出（如 value="你好"）。

禁用表单上的按钮是非常简单的。使用属性 disabled 可以让按钮不可编辑、不可单击（如用户不能编辑字段）。

5. 图像按钮

我们可以通过设置属性 type=image 来为按钮设置图像。

语法：

```
<form name="button">
    <input type=image src=图像的地址  value="值" width="value1">
</form>
```

src：所用图像的 URL 地址。

value：提供图像的替换文本。

与提交按钮在表单中的区别仅仅是提交按钮上用图像代替按钮文本标题，<input type="image" 属性="值" 事件="代码">

6. 隐藏域

隐藏域的作用如下：

（1）隐藏域在页面中对于用户是不可见的，在表单中插入隐藏域的目的在于收集或发送信息，以利于被处理表单的程序所使用。浏览者单击“发送”按钮发送表单时，隐藏域的信息也被一起发送到服务器。隐藏域的名称和值与可见表单域的名称和值一起包含在表单结果中。

（2）有时我们要给用户一些信息，让其在提交表单时提交上来以确定用户身份，如 sessionkey 等。当然这些东西也能用 cookie 实现，但使用隐藏域就简单得多了，而且不会有浏览器不支持、用户禁用 cookie 的烦恼。

（3）有时一个 form 里有多个提交按钮，怎样使程序能够分清楚到底用户是按哪一个按钮提交上来的呢？这时我们就可以写一个隐藏域，然后在每一个按钮处加上 onclick（事件）="document.form.command.value="xx""，我们接到数据后，先检查 command 的值就会知道用户是按哪个按钮提交上来的。后面的 JavaScript 语言里会学习 document 的用法。

（4）有时一个网页中有多个 form，我们知道多个 form 是不能同时提交的，但有时这些 form 确实相互作用，我们就可以在 form 中添加隐藏域来使它们联系起来。

（5）JavaScript 不支持全局变量，但有时我们必须用全局变量，这时就可以把值先存在隐藏域中，这样它的值就不会丢失了。

（6）比如按一个按钮弹出四个小窗口，当单击其中的一个小窗口时，其他三个自动关闭。

可是 IE 不支持小窗口相互调用，所以在父窗口写个隐藏域，当小窗口看到那个隐藏域的值是 close 时就自己关掉。

基本语法：<input type="hidden" name="field__name" value="value">

7. 多行文本域

多行文本域也叫段落文本域，用<textarea>标签来实现，要显示的段落文本框的内容在段落文本框开始和结束标记中给出，一般采用默认的大小。

设置段落文本框的大小：通过使用 rows 和 cols 属性来定义段落文本框的大小。通过改变属性值来改变段落文本框的大小。

不可编辑的段落文本框：通过使用 readonly 条目对不可编辑的段落文本框进行测试。

语法：<textarea 属性="值" 事件="代码" …> 初始值 </textarea>

name：滚动文本框控件的名称。

rows：控件的高度（以行为单位）。

cols：控件的宽度（以字符为单位）。

readonly：滚动文本框的内容不被用户修改。

8. 文件域

文件域就是输入的内容是文件形式的。

语法：文件：<input type="file" 属性="值" …>

name：文件域的名称。

value：初始文件名。

size：文件名输入框的宽度。

6.2.2 案例步骤

制作用户注册页面

记事本中的代码如下：

```
<html>
<head>
  <title>注册界面</title>
</head>
<body>
  <form action="answer.html" method="post">选择您的雅虎邮箱：
    <input type="txtmail" size="20" maxlength="20">
    <font size="+1" color="#ff0000">@</font>
    <select name="address">
      <option value="yahoo.cn">yahoo.cn</option>
      <option value="yahoo.com,cn">yahoo.com.cn</option>
    </select><br>
    密码：        
    <input type="password" name="txtmm" size="10" maxlength="10"><br>
    再次输入密码：<input type="password" name="txtjcmm" size="10" maxlength="10"><br>
    真实姓名：<input type="text" name="txtname" size="20" maxlength="20"><br>
    出生日期：<input type="text" name="txtsr" maxlength="10"size="20"><br>
```

```
性别：<input type="radio" name="sex" value="M">  男   <input
type="radio" name="sex" value="F"> 女 <br>
杂志订阅：<input type="checkbox" name="order" value="trl"/>旅游
<input type="checkbox" name="order" value="fin"/>财经
<br>        
<input type="checkbox" name="order" value="car"/>汽车
<input type="checkbox" name="order" value="mus"/>音乐
<br>
雅虎服务条款<textarea name="fwtk" cols="50" rows="5">雅虎中国对于任何包含于、
经由、或联结、下载或从任何与本网站有关服务（以下简称「服务」）所获得之资讯、内容或广
告（以下简称「资料」），您于此接受并承认信赖任何「资料」所生之风险应自行承担。雅虎中国，
有权但无此义务，改善或更正在「服务」或「资料」任何部分之错误或疏失。
</textarea><br>
<input type="submit" name="submit" value="同意服务条款并提交">  
<input type="reset" value="清空">
</form>
</body>
</html>
```

显示效果如图 1-35 所示。

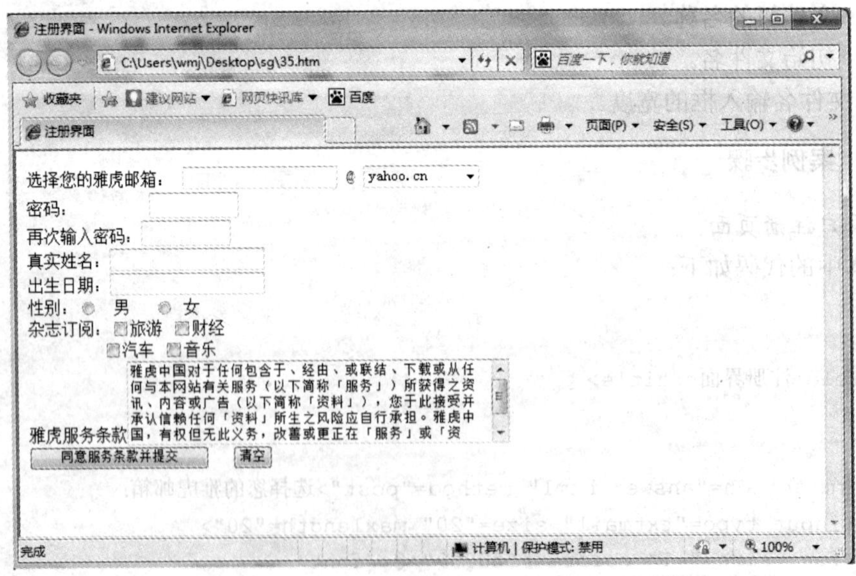

图 1-35 制作用户注册页面效果

任务七　使用框架对页面进行分割

- 使用普通框架进行页面分割。
- 使用内部框架进行页面分割。

- 框架概述。
- 框架的设置。
- 内部框架。

在上一个任务里，我们学会了用表单制作用户登录或注册的页面。在这个任务中，我们将学习用框架分割页面。

7.1　案例一　使用普通框架进行页面分割

在这个案例中，我们将利用普通的框架进行页面分割。页面分割是将不想改变的地方保留、改变的地方重新做。

7.1.1　案例资讯

在一个页面中，不是所有的内容都需要改变，如页面的导航栏、网页页脚等部分是不需要改变的。在每一个网页中都重复添加这些元素不仅会浪费时间，而且在浏览时也会带来不便，消耗更多的时间。为了解决这种问题，我们可以使用框架来对网页进行布局，即网页分割。

1．框架概述

使用框架可以把浏览器窗口分为多个区域，每个区域可以显示不同的网页，浏览者每次在访问框架页面时，只下载框架页面中变化的区域，对于不变的区域不用重新下载，这样可以节省时间。

框架的特点总结如下：

优点：①重载页面时不需要重载整个页面，只需要重载页面中的一个框架页，减少了数据的传输，加快了网页下载速度；②方便制作导航栏。

缺点：①会产生很多页面，不容易管理；②不容易打印；③浏览器的“后退”按钮无效；④代码复杂，无法被一些搜索引擎索引到；⑤多数小型的移动设备（如 PDA 手机）无法完全显示框架；⑥多框架的页面会增加服务器的 http 请求。

一个框架结构是由两部分组成的：框架集和框架。主要是利用<frameset>标签和<frame>标签来定义的。

（1）框架集。

框架集是在一个文档内定义一组框架结构的 HTML 网页，它定义了网页显示的框架数、框架的大小、载入框架的网页源和其他可以定义的属性，用<frameset>标签来定义一个窗口框架。

框架集页面的结构是通过属性 rows 和 cols 来设置的，根据框架的分割方式可分为：上下分割窗口、左右分割窗口、嵌套分割窗口。

（2）框架集属性。

frameborder：设置边框宽度像素，0 为无框；

border：设置边框宽度像素数（netscape），0 为无框；

noresize：禁止访问者调整框架的大小；

framespacing：控制框架间的总间距（ie）；

scrolling：滚动条设置，可以为 yes、no、auto；

marginheight：框架的上下边界像素数；

marginwidth：框架的左右边界像素数；

bordercolor：设置边框的颜色。

注意：不能将 <body>…</body> 标签与 <frameset>…</frameset> 标签同时使用。不过，假如要添加包含一段文本的 <noframes> 标签，就必须将这段文字嵌套于 <body>…</body> 标签内。

（3）框架的作用。

在页面的一个固定部分显示 logo 或静态信息。

左侧框架显示目录，右侧框架显示内容，用户只需要单击左侧窗格的目录，在右侧窗格中就会显示相应内容，如网上在线学习教程、论坛、后台管理、产品介绍等。

框架能有机地把多个页面组合在一起，这些页面之间可互相独立，也可以相互联系。

2. 框架的设置

框架的基本结构如下：

```
<html>
<head>
<title>
</title>
</head>
<frameset cols="25%,50%,*"  rows="50%,*" border="5">
<frame src="url 地址"><frame src="url 地址" />…
</frameset>
</html>
```

说明：frameset 仅是一个框架的集合。frame 标签可以提供对单独 HTML 文档的 URL 引用，其中每个 HTML 文档占据一个框架。cols 将页面沿垂直方向分割为几个窗口，可以取多个值，不同的值用逗号隔开。单位可以是像素，也可以是占浏览器的百分比；rows 将页面沿水平方向分割为几个窗口，也可以取多个值，是由逗号分割的像素值或百分比。src 指定框架窗口的源文件。

7.1.2 案例步骤

1. *之前的准备*

下面做三个简单的网页（或利用原来做过的网页）。

（1）

```
<html>
<head>
  <title> 我的第一个网页 </title>
</head>
<body>
        Hello World!
</body>
</html>
```

（2）对上面的代码稍微改一下，将“我的第一个网页”改成“我的第二个网页”；Hello World!改成 How Are You!。

（3）将“我的第一个网页”改成“我的第三个网页”；Hello World!改成 How Do You Do!。

2. *普通框架分割页面*

记事本中的代码如下：

```
<html>
<head>
  <title>普通框架页面分割</title>
</head>
<frameset  border="5" rows="20%,*" >
  <frame  src="the_first.html" name="topframe" scrolling="no">
  <frameset cols="20%,*">
    <frame  src="the_second.html" name="leftframe" scrolling="no" noresize>
    <frame src="the_third.html" name="rightframe">
  </frameset>
</frameset>
</html>
```

显示效果如图 1-36 所示。

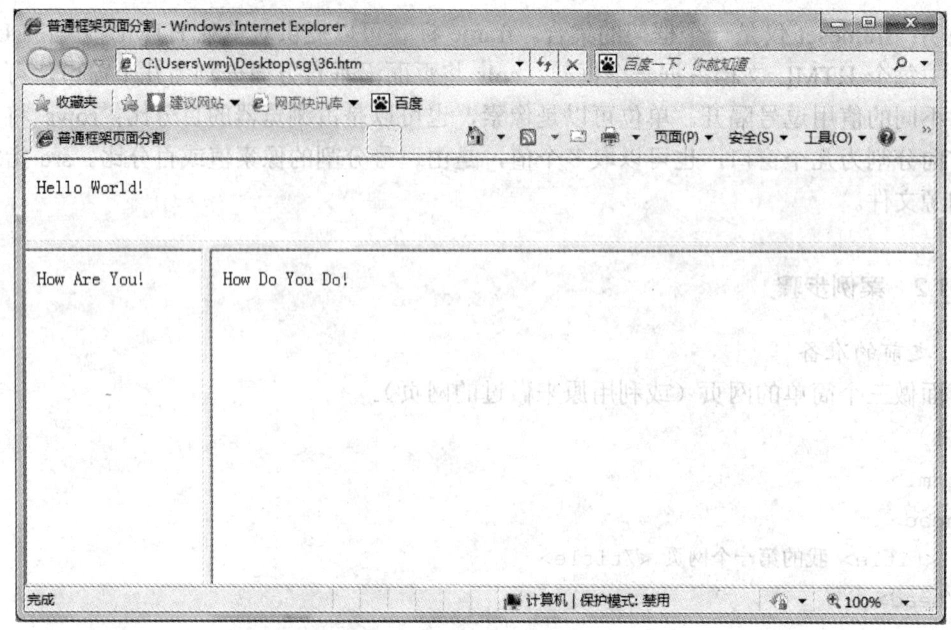

图 1-36　普通框架分割页面效果

7.2　案例二　使用内部框架进行页面分割

上一个案例是普通框架分割页面，在这个案例中，我们将使用内部框架进行页面分割。

7.2.1　案例资讯

这个案例的内部框架也称为浮动框架，在浏览器窗口中可以嵌套子窗口，在其中显示网页的内容。

内部框架

在 HTML 中通过<iframe>标签来实现，<iframe>标签的属性和<frame>标签的属性基本相同。内部框架也叫浮动框架，可以在浏览器窗口中嵌套一个子框架窗口，存在于<body>和</body>的单个 HTML 文件中。可以链接其他网页并显示，即在一个页面中嵌入一个框架窗口来显示另一个页面中的内容。

语法：<iframe>…</iframe>

7.2.2　案例步骤

内部框架分割页面

记事本中的代码如下：

```
<html>
<head>
   <title>浮动窗口</title>
</head>
<body>
```

```
    <iframe name="iframe"
       src="http://www.sina.com" width="600"
       height="600" align="center" scrolling="yes">
    </iframe>
</body>
</html>
```

显示效果如图 1-37 所示。

图 1-37　内部框架分割页面效果

模块二 CSS 语言

内容简介：

CSS（Cascading Style Sheet，层叠样式表/级联样式表）是一组格式设置规则，用于控制 Web 页面的外观。通过使用 CSS 样式设置页面的格式，可将页面的内容与表现形式分离。页面内容存放在 HTML 文档中，而用于定义表现形式的 CSS 规则则存放在另一个文件或 HTML 文档的某一部分中，通常为文件头部分。将内容与表现形式分离，不仅可使维护站点的外观更加容易，还可以使 HTML 文档代码更加简练，缩短浏览器的加载时间。

任务一 认识 CSS

- 我的第一个 CSS 文件。

- CSS 的概念。
- CSS 的使用。

网页中 CSS 是设置外观的，那么我们首先应该知道 CSS 是什么？在这个任务中，我们就来学习一下 CSS 的特点、使用方法、类型、写法及运用 CSS 时的注意事项。

1.1 案例一 我的第一个 CSS 文件

本案例主要学习 CSS 文件及怎样运用 CSS 文件。

1.1.1 案例资讯

在学习怎样制作 CSS 文件之前，我们先来学习 CSS 的一些相关概念及使用方法。

1. CSS 的概念

（1）CSS 的基本概念。

CSS（Cascading Style Sheet，层叠样式表单）是一系列格式规则，控制网页内容的外观。使用 CSS 样式可以非常灵活并更好地控制确切的网页外观，从精确的布局定位到特定的字体和样式。

1998 年 5 月 12 日，W3C 组织推出了 CSS2，使得这项技术在世界范围内得到广泛的支持。CSS2 成为了 W3C 的新标准。同时，W3C CoreStyle、CSS2 Validation Service 以及 CSS Test Suite 宣布成立。它是一组样式，样式中的属性在 HTML 元素中依次出现并显示在浏览器中。样式可以定义在 HTML 文件的标记（Tag）里，也可以在外部附件文件中作为外加文件。此时，一个样式表可以用于多个页面，甚至整个站点，因此具有更好的易用性和扩展性。

总地来说，CSS 可以完成下列工作：

①弥补 HTML 对网页格式化功能的不足，如段落间距、行距等。

②设置字体变化和大小。

③设置页面格式的动态更新。

④进行排版定位。

（2）CSS 的特点。

①将格式和结构分离，减少工作量。

②以前所未有的能力控制页面布局。

③制作体积更小、下载更快的页面。

④将许多页面同时更新，比以前更快、更容易。

⑤浏览器将成为更友好的界面，是对 HTML 语言处理样式的最好补充。

⑥控制页面中的每一个元素（精确定位）。

（3）使用 CSS 的好处。

1）样式解决了一个普遍的问题。

HTML 标签原本被设计为用于定义文档内容。通过使用 <h1>、<p>、<table>标签，HTML 的初衷是表达“这是标题”、“这是段落”、“这是表格”的信息。同时文档布局由浏览器来完成，而不使用任何的格式化标签。

由于两种主要的浏览器（Netscape 和 Internet Explorer）不断地将新的 HTML 标签和属性（如字体标签和颜色属性）添加到 HTML 规范中，那么所创建文档的内容能清晰地独立于文档表现层的站点将变得越来越困难。

为了解决这个问题，万维网联盟（W3C）这个非营利的标准化联盟肩负起了 HTML 标准化的使命，并在 HTML 4.0 之外创造出样式（Style），所有的主流浏览器均支持层叠样式表。

2）多重样式将层叠为一个。

样式表允许以多种方式规定样式信息。样式可以规定在单个的 HTML 元素中，在 HTML 页的头元素中或在一个外部的 CSS 文件中。甚至可以在同一个 HTML 文档内部引用多个外部样式表。

当同一个 HTML 元素被不只一个样式定义时，会使用哪个样式呢？

一般而言，所有的样式会根据下面的规则层叠于一个新的虚拟样式表中：

①浏览器默认设置。

②外部样式表。

③内部样式表（位于 <head> 标签内部）。

④内联样式（在 HTML 元素内部，也叫行内样式）。

因此，内联样式（在 HTML 元素内部）拥有最高的优先权，这意味着它将优先于<head> 标签中的样式声明、外部样式表中的样式声明、浏览器中的样式声明（默认值）。

3）样式表极大地提高了工作效率。

样式表定义如何显示 HTML 元素，与 HTML 3.2 的字体标签和颜色属性所起的作用一样。样式通常保存在外部的.css 文件中。仅仅通过编辑一个简单的 CSS 文档，外部样式表就使你有能力同时改变站点中所有页面的布局和外观。

由于允许同时控制多重页面的样式和布局，CSS 可以称得上 Web 设计领域的一个突破。作为网站开发者，你能够为每个 HTML 元素定义样式，并将其应用于你希望的任意多的页面中。如要进行全局的更新，只需简单地改变样式，网站中的所有元素均会自动地更新。

2. CSS 的使用

（1）CSS 的类型。

CSS 层叠样式表包含以下 3 种类型：

①自定义 CSS，相应的标记中出现 class 属性。自定义样式是生成一个新的样式，制作完毕后就可以在样式面板中看到制作完成的样子。在应用时，首页面中选中对象，然后选择样式。

代码如下：

```
.bg {
background-image: url (bg.gif);
}
```

在 HTML 中使用<body class="bg">。

注意：bg 是编者自行定义的，前面一定加“.”。

②重定义标记的 CSS（将现有的标签赋上样式，应用时无须选中而直接用）选择器。

代码如下：

```
td {
    color: #000099;
    font-size:9pt
}
```

③CSS 选择符。

CSS 选择符为特殊的组合标记定义 CSS，使用 ID 作为属性，以保证文档具有唯一可用的值。CSS 选择符是一种特殊类型的样式，常用的有 4 种，分别为：a:link、a:active、a:visited、a:hover。其中：a:link 设定正常状态下链接文字的样式；a:active 设定单击鼠标时链接的外观；a:visited 设定访问过的链接外观；a:hover 设定鼠标放置在链接文字之上时文字的外观。

代码如下：

```
a:link  {
    color:#FF3366;
    font-family:"宋体";
    text-decoration:none;
}
A:hover  {
    color:#FF6600;
    font-family:"宋体";
    text-decoration:underline;
}
A:visited  {
    color:#FF339900;
    font-family:"宋体";
    text-decoration:none;
}
```

（2）CSS 的基本写法。CSS 的基本写法有以下 3 种：

①在 head 内实现，即<head></head>标记内。

②在<body>内实现，使用语法<h3 style="font-size:10pt">，这样的写法虽然直观，但是无

法体现出 CSS 的优势，因此不推荐使用。

③在文件外的调用。

CSS 的定义既可以是在 HTML 文档内部，也可以单独成立文件，以下代码是将 CSS 样式链接到外部的 style.css 文件（此文件是单独存在的）：

```
<link rel="stylesheet" href="style.css" type="text/css">
```

（3）CSS 的冲突。

CSS 是有优先级的，所谓“优先级”，就是指 CSS 样式在浏览器中被解析的先后顺序。既然有优先级，就会有一个规则来约定这个优先级。在 CSS 中的规则如下：

①统计选择符中的 ID 属性个数。

②统计选择符中的 CLASS 属性个数。

③统计选择符中的 HTML 标记名个数。

最后，按正确的顺序写出三个数字，不要加空格或逗号，得到一个三位数（css2.1 是用 4 位数表示）。相应于选择符的最终数字列表可以很容易确定较高数字特性凌驾于较低数字的。

注意：要把数字转换成一个以三个数字结尾的更大的数。

例如：

每个 ID 选择符（#someid）加 0,1,0,0。

每个 Class 选择符（.someclass）、属性选择符（形如[attr=value]等）、伪类（形如:hover 等）加 0,0,1,0。

每个元素或伪元素（:firstchild 等）加 0,0,0,1。

其他选择符（包括全局选择符*）加 0,0,0,0。相当于没加，不过这也是一种 specificity，后面会解释。

表 2-1　按特性分类的选择符列表

选择符	特性值
h1 {color:blue;}	1
p em {color:purple;}	2
.apple {color:red;}	10
p.bright {color:yellow;}	11
p.bright em.dark {color:brown;}	22
#id316 {color:yellow}	100

表 2-2　选择符列表（详细）

选择符	特殊值
h1 {color:blue;}	1
p em {color:purple;}	1+1=2
.apple {color:red;}	10
p.bright {color:yellow;}	1+10=11
p.bright em.dark {color:brown;}	1+10+1+10=22
#id316 {color:yellow}	100

通过以上表格可以很简单地看出，HTML 标记的权重是 1，CLASS 的权重是 10，ID 的权重是 100，继承的权重为 0（后面会讲到）。

按这些规则将数字字符串逐位相加就得到最终的权重，然后在比较取舍时按照从左到右的顺序逐位比较。

在冲突解决时，还会了解 CSS 的继承性。

①继承的表现。继承是 CSS 的一个主要特征，它是依赖于祖先－后代的关系的。继承是一种机制，它允许样式不仅可以应用于某个特定的元素，还可以应用于它的后代。例如，一个 body 定义了的颜色值也会应用到段落的文本中。

②继承的局限性。继承是 CSS 重要的一部分，我们甚至不用去考虑它为什么能够这样，但 CSS 继承也是有限制的。有一些属性不能被继承，如 border、margin、padding、background 等。

1.1.2　案例步骤

1. CSS 在 head 中实现

记事本里的代码如下：

```
<html>
<head>
    <title>CSS 在 head 中的实现</title>
        <style type="text/css">
            body {
                font-family: "黑体";
                font-size: 12pt;
                line-height: 16pt;
                color: #FFFFFF;
                background-color: #006699;
            }
        </style>
  </head>
  <body>
        主流的网页设计软件
        <p>目前，网页技术进入了一个新的阶段，现在的网页再也不是图片的堆积和枯燥无味的文本了，人们现在追求的是网页的动态效果和交互性。而 Macromedia 公司的网页设计三剑客软件 Dreamweaver、Flash、Fireworks 正是交互性网页设计的杰出代表，其最新版本 MX 继承了前期版本的优点，进行了功能的进一步整合，非常适合于网页设计和网站建设的需要。</p>
</body>
</html>
```

显示效果如图 2-1 所示。

2. CSS 在 body 中实现

打开记事本后，可以在里面输入以下代码：

```
<html>
<head>
  <title>CSS 在 body 中的实现</title>
</head>
```

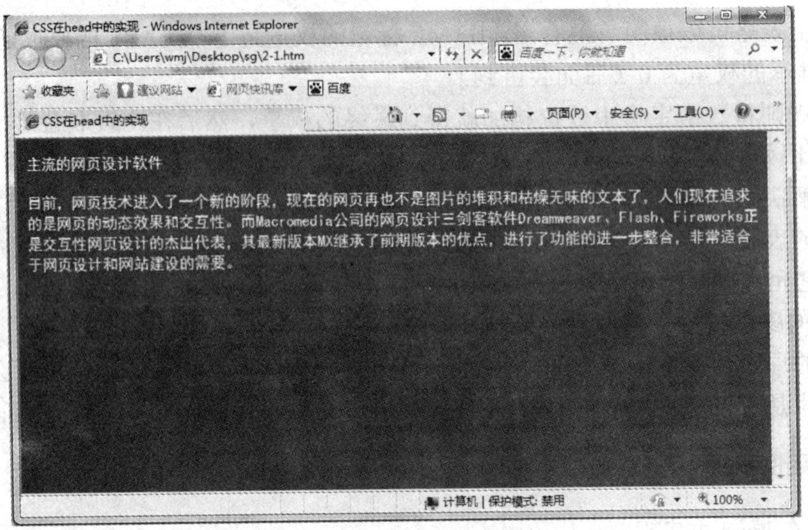

图 2-1 CSS 在 head 中实现效果

```
<body>
        主流的网页设计软件
        <p style="font-size:9pt;
line-height:12pt;
background-color:#FFCC00;
font-family:宋体">目前，网页技术进入了一个新的阶段，现在的网页再也不是图片的堆积和枯燥无味的文本了，人们现在追求的是网页的动态效果和交互性。而 Macromedia 公司的网页设计三剑客软件 Dreamweaver、Flash、Fireworks 正是交互性网页设计的杰出代表，其最新版本 MX 继承了前期版本的优点，进行了功能的进一步整合，非常适合于网页设计和网站建设的需要。
        </p>
</body>
</html>
```

显示效果如图 2-2 所示。

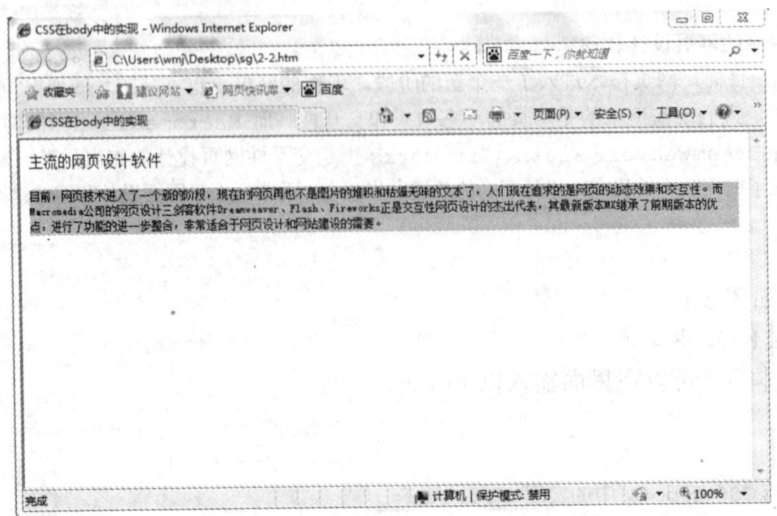

图 2-2 CSS 在 body 中实现效果

任务二 用 CSS 实现页面风格的统一

- 用 CSS 美化字体。
- 用 CSS 实现页面的精细排版。
- 用 CSS 设置对象的边框。
- 用 CSS 设置页面的颜色和背景。

- 字体。
- 排版。
- 边框。
- 背景。

2.1 案例一 用 CSS 美化字体

我们在学习 HTML 时，已经接触过文字方面的设置、排版等。实际上，文字的详细设置是在 CSS 部分，这里我们就学习使这些字体更加美观的方法。

2.1.1 案例资讯

在学习美化字体之前，我们先来学习 CSS 中的字体。

1. 字体

字体就是网页里面需要设置的是什么样的字，如黑体、宋体等。

字体的属性如下：

font-family：用一个指定的字体名或一个类的字体族科；

font-size：字体显示的大小；

font-style：设定字体风格；

font-weight：以 bold 为值可以使字体加粗。

还有 in（英寸）、cm（厘米）、mm（毫米）、pt（点数）、pc（打字机字间距）、em（ems）ex（x-height）、px（像素）。

2. 字号

字号就是字体的大小。单位可以是厘米、像素、磅等，另外还有其他一些值，如 xx-small、x-small、smaller、x-large、xx-large 等。最常用的单位为 pt。

3. 字体样式

字体样式也就是字体的风格，属性如下：

normal：普通的文字；

italic：斜体的文字；

oblique：倾斜的文字，在中文文字的使用上与 italic 并无明显区别。

4. 字体重量

字体的重量即字体的粗细，字体的加粗属性值在 100～900 之间。其他的属性如下：

normal：普通的文字；

bold：加粗；

bolder：特粗；

lighter：加细。

5. 字体大小写

字体的大小写一般是指字符。

text-transform：文本转换属性，其值有 none、capitalize、uppercase、lowercase 和 inherit

none：默认值，不做任何大小写转换；

capitalize：将每个单词的首字变成大写；

uppercase：将每个字符变成大写；

lowercase：将每个字符变成小写。

2.1.2 案例步骤

美化字体

打开记事本后，可以在里面输入以下代码：

```
<html>
<head>
   <title>CSS 美化字体</title>
         <style type="text/css">
                H1{                                    //h1 规定字体为隶书
           font-family: "华文新魏";
           font-size:20pt;
           font-style:italic;
           font-weight:900;
           text-transform:capitalize;
         }
         .text {                                   //规定字体为宋体或仿宋体，即当客户机没
有宋体字体时，浏览器会使用仿宋体字体来显示
           font-family: "黑体,仿宋_gb2312";
           font-size:15pt;
           font-style:oblique;
           font-weight:bolder;
           text-indent:50px;
         }
         </style>
```

```
    </head>
    <body>
        <H1>主流的网页设计软件</H1>
        <p class="text">目前，网页技术进入了一个新的阶段，现在的网页再也不是图片的堆积和枯燥无味的文本了，人们现在追求的是网页的动态效果和交互性。而 Macromedia 公司的网页设计三剑客软件 Dreamweaver、Flash、Fireworks 正是交互性网页设计的杰出代表，其最新版本 MX 继承了前期版本的优点，进行了功能的进一步整合，非常适合于网页设计和网站建设的需要。</P>
    </body>
    </html>
```

显示效果如图 2-3 所示。

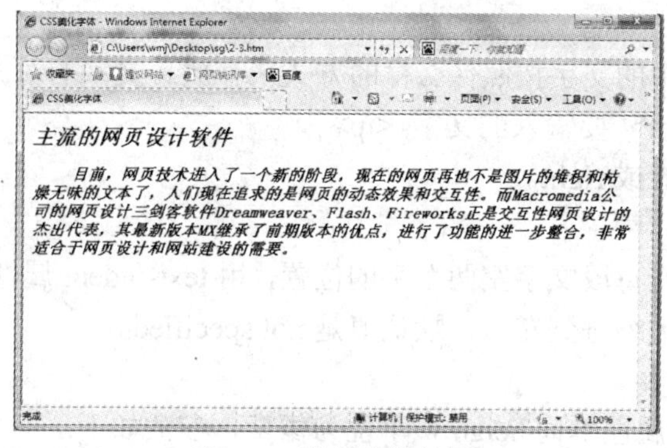

图 2-3　美化字体效果

2.2　案例二　用 CSS 实现页面的精细排版

在前面的案例中，我们已经学会了怎样运用 CSS 中的字体。在这个案例中，我们来用这些字体进行精细的排版。

2.2.1　案例资讯

在学习排版之前，我们先来学习一下在 CSS 中都会用到哪些知识点。

1. 字符间距

字符间距就是汉字与汉字之间的距离，改变段落中字符之间的间距用参数 letter-spacing。

例如：<p style= "letter-spacing:50px "> 静态网页编程 </p>

显示结果如下：

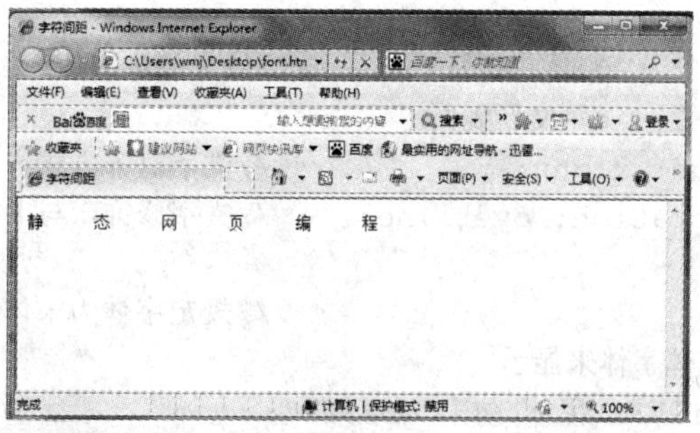

50px 表示字符的间距大小。

2. 单词间距

单词间距是段落中字符或英文单词之间的间距，改变段落中字符之间的间距用参数 word-spacing。

3. 文字修饰

文字修饰就是在文字上加下划线或中间加条线。其基本语法如下：

p{ text-decoration: underline; }（P 是选择符）

underline 给文字加下划线；overline 给文字加上划线；line-through 给文字加删除线； none 使得上述效果都不会发生，常用于去掉超链接的下划线。

4. 文字对齐

文字对齐是指文本中的文字按照什么样的方式来存放。文字的对齐用 text-align 属性。

语法：<p align:center> 要输入的文字 </p>

center 可以换成 left 或 right。

5. 文字首行缩进

文字首行缩进类似于每段文字空两个字的位置，用 text-indent 属性，允许使用负值。如果使用负值，那么首行会被缩进到左边，默认值是 not specified。

6. 行高

行高是指使用 CSS 属性单词 height，单位为像素，参数如下：

max-height：CSS 最大高度；

min-height：CSS 最小高度；

line-height：CSS 上下居中。

表格里的高度可以用 height，文本里的用 line-height，自适应高度。

一般我们需要在宽度一定时，让高度随内容的增加而增高，此时我们将无须设置高度即可实现此效果，同时也无须使用 height:auto 来实现高度自适应。通常在默认情况下不设置高度，对象高度即自适应高度。

2.2.2 案例步骤

用 CSS 实现页面的精细排版

打开记事本后，可以在里面输入以下代码：

```
<html>
<head>
    <title>精细排版</title>
        <style type="text/css">
        H1{                                 //h1 规定字体为隶书
          font-family: "华文新魏";
          text-align: right;                //文字对齐方式
          text-decoration: overline;        //文字修饰，与上面那个只能识别一个
          }
        .text {                             //规定字体为宋体或仿宋体，即当客户机没有宋
体字体时，浏览器会使用仿宋体字体来显示
          font-family: "黑体,仿宋_gb2312";
```

```
            text-indent:50px;  //首行缩进
            line-height:5;      //行高
                }
        </style>
</head>
  <body>
     <H1>主流的网页设计软件</H1>
     <p class="text" >目前，网页技术进入了一个新的阶段，现在的网页再也不是图片的堆积和枯燥无味的文本了，人们现在追求的是网页的动态效果和交互性。而 Macromedia 公司的网页设计三剑客软件 Dreamweaver、Flash、Fireworks 正是交互性网页设计的杰出代表，其最新版本 MX 继承了前期版本的优点，进行了功能的进一步整合，非常适合于网页设计和网站建设的需要。</P>
  </body>
  </html>
```

显示效果如图 2-4 所示。

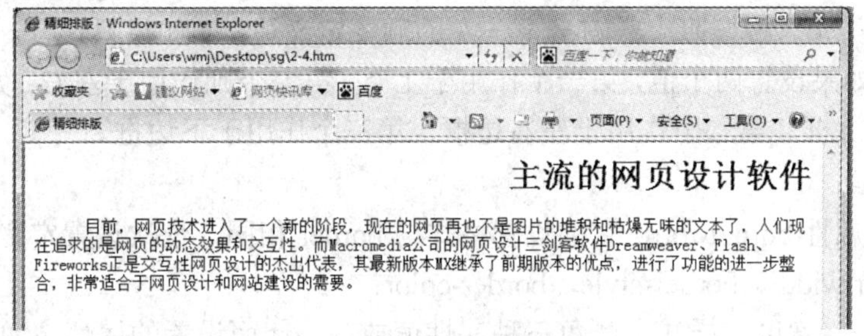

图 2-4　用 CSS 实现精细排版的效果

2.3　案例三　用 CSS 设置对象的边框

在前面的案例中，我们已经学会了运用 CSS 创建精细排版的网页，那么怎么设置对象的边框呢？现在我们就来学习。

2.3.1　案例资讯

在学习边框之前，我们先来学习一下在 CSS 中的边框都包含哪些内容。

1．边框宽度

边框宽度就是所设置的边框的粗细，边框宽度的属性为 border-width，其值有 Medium（默认值）、thin（比 medium 细）、thick（比 medium 粗）。用长度单位定值，可以用绝对长度单位（cm、mm、in、pt、pc）或者相对长度单位（em、ex、px）。

2．边框颜色

border-color 属性用来定义所有边框颜色，或者为四个边分别设置颜色。它可以取颜色的值或被设置为透明（transparent）。

注意：在 border-color 前最好先设置 border-style，否则 border-color 可能会不显示。

3．边框样式

border-style 属性用来设置元素所有边框的样式，或者单独为各边设置边框样式。它有 10

个属性值，分别如下：

none：没有边框，无论边框宽度设为多大；

hidden：同样是无样式，主要用于解决与表格的边框冲突；

dotted：点线式边框；

dashed：破折线式边框，即虚线；

solid：直线式边框；

double：双线式边框，两条线加上中间的空白等于 border-width 的取值；

groove：槽线式边框；

ridge：脊线式边框，与 groove 相反；

inset：内嵌效果的边框；

outset：突起效果的边框，与 inset 相反。

其中 groove、ridge、inset、outset 有些像 3D 效果，其效果受 border-color 的影响。

border-style 作用在四个方向时所用的方法与前面曾讲过的 padding 属性的书写方法相同，如果设置四个参数值，将按照上－右－下－左的顺序定义边框；如果只设置一个，将用于四个边框统一设置；如果设置两个值，第一个作用于上下，第二个则作用于左右；如果设置三个值，第一个作用于上边框，第二个作用于左右边框，第三个作用于下边框。

4. 单边边框

设定上边框属性 border-top，它的设置格式与 border 相同，依次设置宽度、样式、颜色，border-top: border-width、border-style、border-color；

border-top 是将宽度、样式、颜色三种属性值放在一起而设置的属性，如果要单独设置其中的任意一项也可以使用以下属性：border-top-width（单独设置上边框宽度）、border-top-style（单独设置上边框样式）、border-top-color 属性（单独设置上边框颜色）。

```
{border-top-width: 1px;
border-top-style: dashed;
border-top-color: #FF0000;}
```

与{border-top:1px dashed #FF0000;}效果是相同的。

设定下边框属性：border-bottom、border-bottom-width、border-bottom-style、border-bottom-color，设置方法同 border-top。

设定右边框属性：border-right、border-right-width、border-right-style、border-right-color，设置方法同 border-top。

设定左边框属性：border-left、border-left-width、border-left-style、border-left-color，设置方法同 border-top。

2.3.2 案例步骤

我的对象边框

打开记事本后，可以在里面输入以下代码：

```
<html>
<head>
   <title>我的表格边框</title>
```

```
    <style type="text/css">
     .tableborder{
          border-right-width:3px;
          border-right-color:red;
          border-right-style:dashed;
          border-bottom-width:4px;
          border-bottom-color:green;
          border-bottom-style:solid;
          padding-top:20px;
          padding-left:10px;
        }
    </style>
</head>
<body>
<table border="0">
    <tr>
      <td class="tableborder">手机充值</td>
       <td class="tableborder">电子彩票</td>
    </tr>
    <tr>
     <td class="tableborder">电脑硬件</td>
     <td class="tableborder">数码相机</td>
    </tr>
</table>
</body>
</html>
```

显示效果如图 2-5 所示。

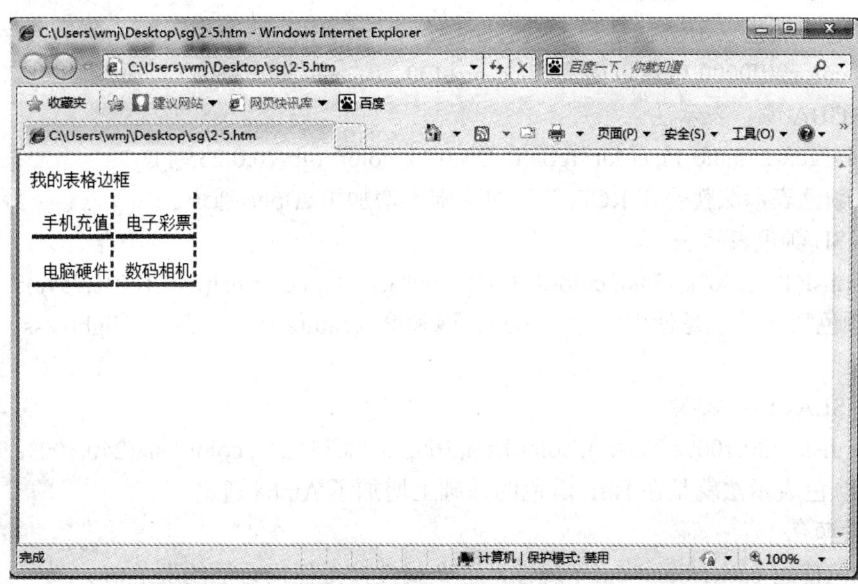

图 2-5　对象边框效果

2.4 案例四 用 CSS 进行页面的颜色和背景设置

在前面的案例中，我们已经学会了运用 CSS 进行对象边框的设置，那么怎么设置页面的颜色和背景呢？现在我们就来学习。

2.4.1 案例资讯

在学习 CSS 页面背景的设置之前，我们先来学习一下在 CSS 中有关背景方面的知识。

1. *颜色*

CSS 中的颜色表示法很多。

（1）CSS 预定义颜色表示法（就是使用表示颜色的英文单词预定义颜色表示法）。

如 color:red; color:blue;

（2）RGB 颜色表示法。

如 color:rgb(255,0,0);color:rgb(0,255,0);

RGB 颜色表示法就是红（R：Red）、绿（G：Green）、蓝（B：Blue）这三原色混合后呈现出的颜色，其中每种颜色的取值为 0～255。

（3）十六进制颜色表示法

如 color: #ff0000; color: #00ff00; color:#1199ff

十六进制颜色表示法就是使用三对十六进制数分别表示 RGB 中的三原色。如上面例子的最后一个 color:#1199ff;，其中 11 代表 R 的颜色（十六进制的 11 就等于十进制中的 17），99 代表 G 的颜色（十六进制的 99 就等于十进制中的 153），ff 代表 B 的颜色（十六进制的 ff 就等于十进制中的 255），前面再加一个#号（#1199ff;等价于 rgb(17,153,255);）。

（4）短十六进制颜色表示法（属于网络安全色）。

如 color: #f00; color: #0f0; color: #00f

短十六进制颜色表示法就是当十六进制颜色表示法中的两个表示颜色值的数字一样时的简写，比如 color:#ff0000;就可以简写为 color:#f00。

（5）RGBA 颜色表示法。

如 color: rgba(255,0,0,1); color: rgba(0,255,0,1); color: rgba(0,0,255,1);

RGBA 颜色表示法就是在 RGB 颜色的基础上增加了 Alpha 通道。

（6）HSL 颜色表示法。

如 color:hsl(120,100%,75%); color:hsl(360,100%,75%); color:hsl(240,100%,75%);

HSL 颜色表示法就是使用色相（hue）、饱和度（saturation），亮度（lightness）表示颜色的一种方法。

（7）HSLA 颜色表示法。

如 color:hsla(120,100%,75%,1); color:hsla(360,100%,75%,1); color:hsla(240,100%,75%,1);

HSLA 颜色表示法就是在 HSL 颜色的基础上增加了 Alpha 通道。

2. *背景颜色*

背景颜色使用 background-color 属性，这个属性接受任何合法的颜色值。

background-color 不能继承，其默认值是 transparent（透明）。也就是说，如果一个元素没有指定背景色，那么背景就是透明的，这样其祖先元素的背景才能可见。

3. 背景图片

把图片放入背景需要使用 background-image 属性，默认值是 none，表示背景上没有放置任何图片。如果需要设置一个背景图片，必须为这个属性设置一个 URL 值。

语法：{background-image: url (*.jpg);}

大多数背景都应用到 body 里面，但是也可以用到某一个段落或某一个行内元素。

4. 背景图片平铺

背景图片平铺使用 background-repeat 属性，与 background-image 属性连在一起使用，决定背景图片是否重复。如果只设置 background-image 属性而没有设置 background-repeat 属性，在默认状态下，图片既横向重复，又纵向重复。

repeat-x：背景图片横向平铺；

repeat-y：背景图片竖向平铺；

no-repeat：背景图片不平铺。

默认背景图片从一个元素的左上角开始。

5. 背景图片位置

背景图片位置使用 background-position 属性，与 background-image 属性连在一起使用，决定了背景图片的最初位置。

为 background-position 属性提供值有很多方法。①可以使用一些关键字，如 top、bottom、left、right 和 center。通常这些关键字会成对出现，不过也不总是这样；②还可以使用长度值，如 100px 或 5cm；③也可以使用百分数值。不同类型的值对于背景图像的放置稍有差异。

2.4.2 案例步骤

CSS 关于背景的例子

打开记事本后，可以在里面输入以下代码：

```
<html>
<head>
  <title>背景</title>
</head>
<body style="background-color:#cccccc">
  <p>
     <img src="libai.jpg" width="140" height="170" align="left">
    <h2>静夜思</h2>
  <h3>作者：李白</a></h3>
  <p style="color:#ff0000;font-size:18px;
     font-family:隶书;border-bottom-style:dashed">
    床前明月光，<br>
    疑似地上霜。<br>
    举头望明月，<br>
    低头思故乡。<br> </p>
  <p>注释：
   静夜思：宁静的夜晚所引起的乡思。疑：怀疑，以为。举：抬、仰。
```

```
    </p>
</body>
</html>
```

显示效果如图 2-6 所示。

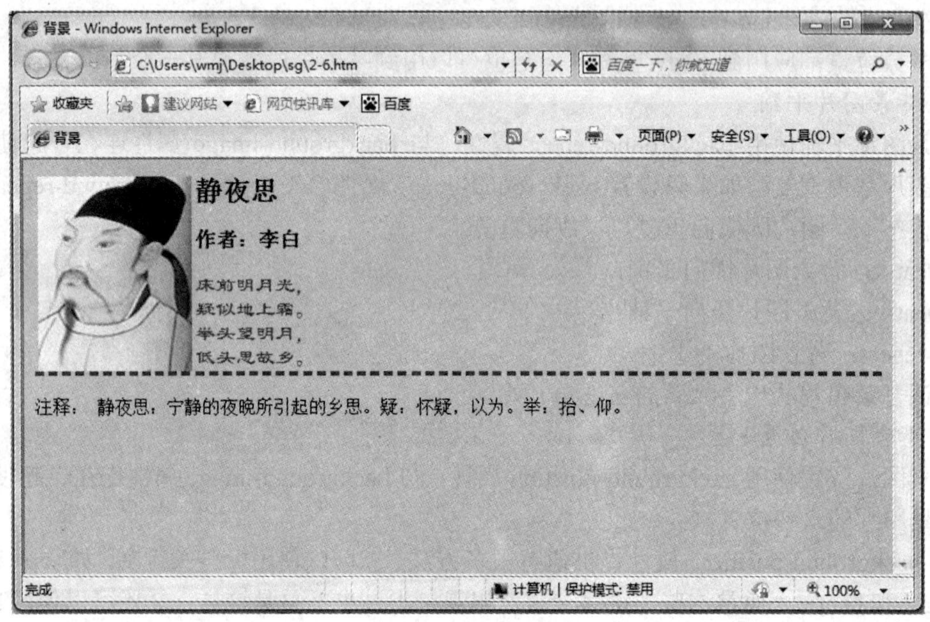

图 2-6 CSS 背景效果

任务三 学会 CSS 的高级应用技巧

- 用 CSS 实现层的排版。
- 用 CSS 的滤镜实现各种特效。

- 定位。
- 区块。
- 特效。

通过前面的学习，我们已经可以设置页面基本的效果了，那么怎样才能把网页布置得更美观大方呢？在这个任务中，我们主要学习如何应用 CSS 高级设置，如定位和特效。

3.1 案例一 用 CSS 实现层的排版

本案例主要学习用 CSS 怎样实现层（div）的排版。我们在学习 Photoshop 时接触的层是会叠加在一起的，显示的效果更好。网页里面的层虽然可以叠加，但是显示的时候只能看到一个层的内容，即每个层是单独来运行的。

3.1.1 案例资讯

在学习 CSS 实现层的排版之前，我们先来学习一下 CSS 排版的一些相关概念及使用方法。

1. 定位

定位（position）允许用户精确定义元素框出现的相对位置，可以相对于它通常出现的位置、上级元素、另一个元素或浏览器视窗本身。每个显示元素都可以用定位的方法来描述，而其位置由此元素的包含块来决定。

常用定位属性如下：

（1）position 检索对象的定位方式。

语法：position : static | absolute | relative

static：静态（默认）无特殊定位，对象遵循 HTML 定位规则。

absolute：绝对，将对象从文档流中拖出，使用 width、height、left、right、top、bottom 等属性与 margin、padding、border 进行绝对定位。绝对定位的元素可以有边界，但这些边界不压缩。其层叠通过 z-index 属性定义。

relative：相对，对象不可层叠，但将依据 left、right、top、bottom 等属性在正常文档流中偏移位置。

fixed：悬浮，使元素固定在屏幕的某个位置，其包含块是可视区域本身，因此它不随滚动条的滚动而滚动（IE 5.5+不支持此属性）。

inherit：这个值从其上级元素继承得到。

（2）z-index 检索或设置对象的层叠顺序，默认为 0，向前为正，向后为负，步长为 1。

语法：z-index:auto

auto：遵从父对象的定位。

（3）在本文流中，任何一个元素都被文本流限制了自身的位置，但是通过 CSS，我们依然可以使这些元素改变自己的位置。我们可以通过 float 来让元素浮动，通过 margin 来让元素产生位置移动。但事实上那并非是真实的位移，因为那只是通过加大 margin 值来实现的相对定位。而真正意义上的位移是通过 top、right、bottom、left 针对一个相对定位的元素所产生的。

2. 区块

包含块（containing block）是格式编排发生的关联场景。例如，一个加粗元素的包含块可以是该元素出现的段落，如图 2-7 所示。

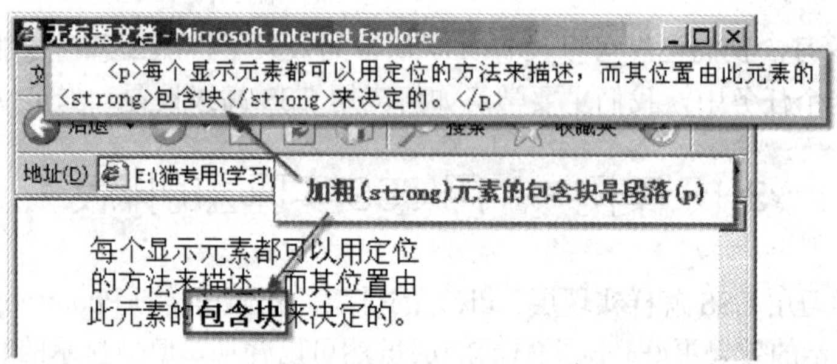

图 2-7 包含块效果

（1）区块基本信息。

建立包含块的规则如下：

1）根元素的包含块（也叫初始包含块）由用户代理生成。在 HTML 中，根元素是 HTML 元素，尽管有的浏览器会不正确地使用 body 元素。

2）对于那些未绝对定位的非根元素来说，元素的包含块设置为最近的块级祖先元素的内容区边沿。

3）对那些使用绝对（absolute）作为定位（postition）的非根元素，包含块设为最近的定位（postition）不是静止（static）的祖先元素（任何类型），有两种情况：①如果祖先元素是块级（block）元素，包含块设为祖先元素的填充（padding）边沿，也就是被边框（border）约束的区域；②如果祖先元素是内联（inline）元素，包含块设为祖先元素的内容边沿。

因此，绝对定位的元素往往以浏览器可视区域的左上为坐标原点来进行定位。

（2）区块边缘信息。

区块宽度：区块宽度是整个包含边缘在内的宽度，而元素宽度指的只是内容元素的宽度。

区块性质指令如下：

margin-top：设定上边缘宽度；

margin-right：设定右边缘宽度；

margin-bottom：设定下边缘宽度；

margin-left：设定左边缘宽度。

注意：如果指定了四个合法设定值，则会依次套用于四个边框；如果只指定一个合法设定值，则会统一套用于四个边框；如果指定两个或三个合法设定值，则未指定的边框会套用对边的颜色设定值；如果没有指定此性质，则套用 color 性质的设定值。

3.1.2 案例步骤

定位

记事本中的代码如下：

```
<html>
<head>
   <style type="text/css">
      img.x
      {
      position:absolute;
      left:0px;
      top:0px;
      z-index:-1
      }
   </style>
   </head>
<body>
   <h1> 定位</h1>
   <img class="x" src="girl.jpg" width="100" height="180">
   <p>这个是简单的定位例子。</p>
</body>
</html>
```

显示效果如图 2-8 所示。

或者

```
<html>
<head>
   <style type="text/css">
      img
      {
      position:absolute;
      clip:rect(0px 50px 200px 0px)
      }
   </style>
</head>
```

```
<body>
   <p>这个是简单的定位。</p>
   <p><img border="0" src="girl.jpg" width="120" height="151"></p>
   </body>
</html>
```

显示效果如图 2-9 所示。

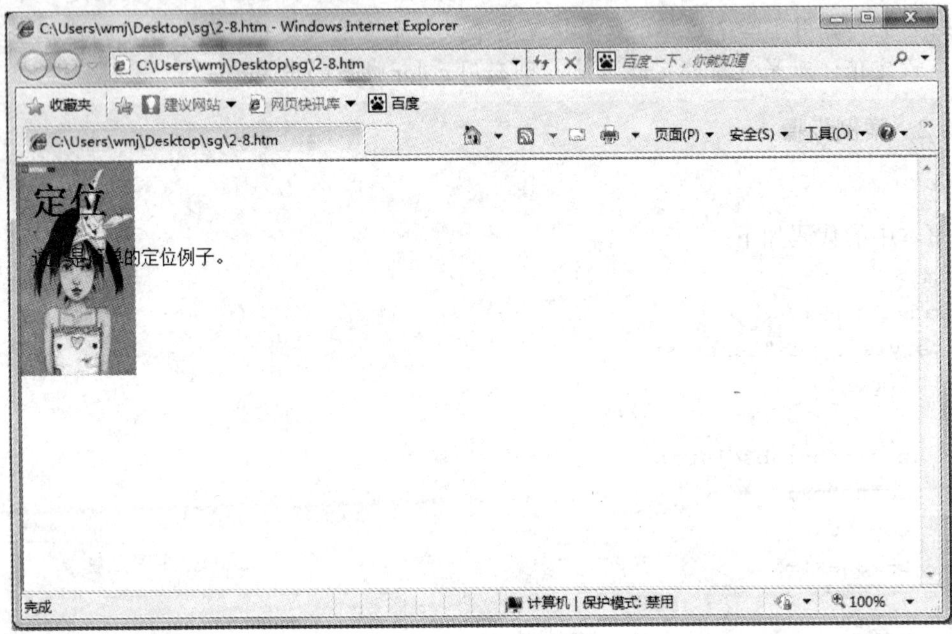

图 2-8　定位效果 1

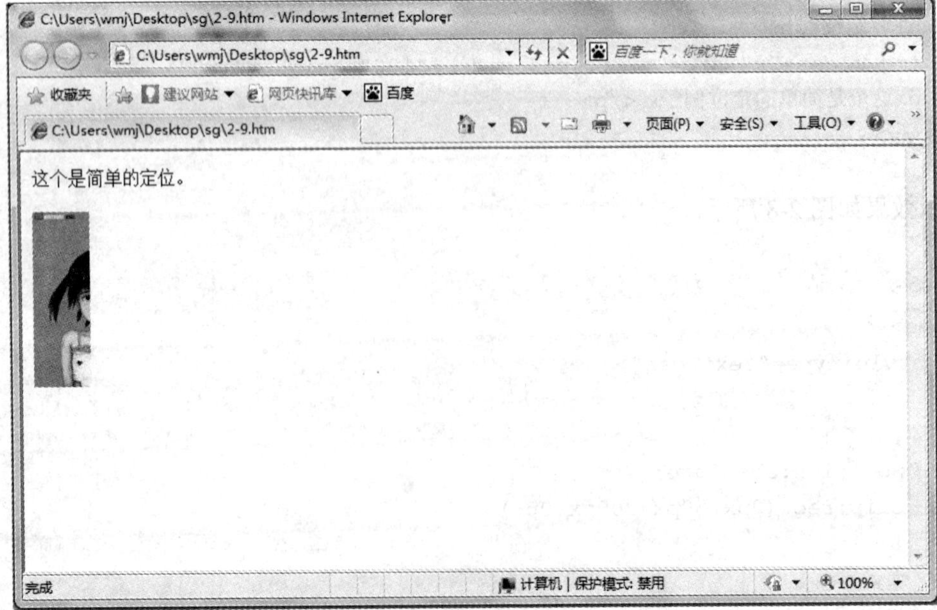

图 2-9　定位效果 2

3.2 案例二 用 CSS 的滤镜实现各种特效

在前面的学习中，我们已经会运用 CSS 的设置了，本案例主要学习 CSS 在页面中增加的各种特效。

3.2.1 案例资讯

有时我们在做网页时，需要一些特别的效果，如让某个图片或文字透明、翻转等，现在我们就来学习这些功能。

1. 透明

alpha 滤镜的作用主要是对图片的透明度进行处理。

语法：

```
{   filter: alpha(
opacity=value1,
finishopacity=value2,
style=value3,
startx=startx,
starty=starty,
finishx=finish, f
inishy=finish)   }
```

或者

```
<img src="*.jpg "
      style="filter:alpha( opacity=value1,
finishopacity=value2,style=value3,startx=startx,
starty=starty,finishx=finish, finishy=finish )">
```

说明：

（1）value1 为图片的透明值，范围是 0（完全透明）～100（完全不透明）；

（2）value2 为图片透明度变换结束时的透明值，范围是 0（完全透明）～100（完全不透明）；

（3）value3 为图片透明度变换方向。取值为 1 时，图片透明度按从左到右线性变化；取值为 2 时，图片透明度从内到外沿半径变化；取值为 3 时，图片透明度从内到外呈矩形变化；

（4）startx 和 starty 代表渐变透明效果的开始 x 和 y 坐标；

（5）finishx 和 finishy 代表渐变透明效果的结束 x 和 y 坐标。

注意：value2 只有在 value3 设定时才有效。

2. 模糊

blur 滤镜的作用主要是对图片的透明度进行处理

语法：

```
{
 filter; blur (
     add=add,
```

```
direction=direction,
strength=strength )  }
```

说明：

（1）add 参数是一个布尔判断，值为 true（默认）或 false ，它指定图片是否被改变成印象派的模糊效果；

（2）模糊效果是按顺针方向进行的，direction 参数用来设置模糊的方向，其中 0° 表示垂直向上，每 45° 为一个单位，默认值是向左的 270° ；

（3）strength 值只能使用整数来指定，它代表有多少像素的宽度将受到模糊影响，默认是 5 像素。

3. 水平翻转

fliph 滤镜的作用是产生水平翻转效果。

语法：{ filter:fliph }

4. 垂直翻转

flipv 滤镜的作用是产生垂直翻转效果。

语法：{ filter:flipv }

5. 灰度

gray 滤镜的作用是设置灰度。

语法：{filter:gray，img=src="*.jpg"}

3.2.2 案例步骤

CSS 特效

在这里我们只做了模糊和垂直翻转。

记事本中的代码如下：

```
<html>
<head>
        <title>CSS 中的特效</title>
        <style type="text/css">
       img{
            filter: flipv;
            blur (
               strength=10);
 }
        </style>
</head>
<body>
        <h2>强大的 CSS 滤镜</h2>
        <img src=xuexiang.jpg>
</body>
</html>
```

显示效果如图 2-10 所示。

图 2-10　CSS 特效效果

模块三

JavaScrip 语言

内容简介：

JavaScript 是 Internet 上最流行的脚本语言，可在所有主要的浏览器中运行。本书讲解了 JavaScript 的基本特点，运用了大量的案例供大家参考。本书的案例是以微软的 IE 浏览器为基础列举的。

任务一　认识 JavaScript

- Title 栏滚动特效。
- 水波文字效果。
- 页面中输入的年月日是否正确。

案例资讯

- JavaScript 概述。
- JavaScript 基本语法。
- JavaScript 函数。
- JavaScript 运算。
- JavaScript 程序控制语句。

我们通过这个任务来学习 JavaScript 的基本用法，要会创建简单的 JavaScript 代码文件，并且能完成基本的功能。

1.1　案例一　Title 栏滚动特效

本案例中实现的是在 Title 栏中滚动显示内容，即根据时间的不同，页面的 Title 显示不同的内容。实际上就是每次显示的内容略有不同，即上一次 Title 栏内容的第一个字符在本次 Title 栏内容中变成了最后一个字符。Title 栏的内容为“欢迎进入这个精彩的 JavaScript 世界！”通过本案例了解一下 JavaScript。

1.1.1　案例资讯

在实现这个 Title 栏滚动特效之前，我们先了解一下 JavaScript 语言，JavaScript 语言是现在网页开发中应用非常广泛的网页脚本语言，嵌入在 html 程序中间，在客户端浏览器中运行，是基于客户端浏览器、基于对象、事件驱动式的网页脚本语言。JavaScript 是属于网络的脚本语言，是 Internet 上最流行的脚本语言。JavaScript 被数百万计的网页用来改进设计、验证表单、检测浏览器、创建 cookies 以及更多的应用。

1．JavaScript 概述

JavaScript 起源于 Netscape 公司的 LiveScript 语言，是一种基于对象和事件驱动的客户端脚本语言。完整的 JavaScript 是由 ECMAScript（语法）、Browser Objects（DOM、BOM）（特性）组成的，如图 3-1 所示。ECMAScript（JavaScript 的核心）描述了语言的基本语法和对象。DOM（The Document Object Model）描述了作用于网页内容的方法和接口。BOM（The Browser Object Model）描述了与浏览器交互的方法和接口。

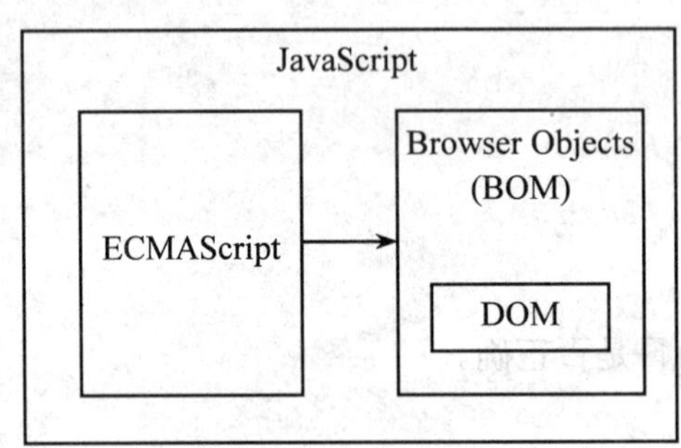

图 3-1 JavaScript 组成

ECMAScript 并不与任何具体浏览器相绑定，实际上，它也没有提到用于任何用户输入、输出的方法（这点与 C 语言不同，它需要依赖外部的库来完成这类任务）。那么什么才是 ECMAScript 呢？ECMA-262 标准的描述如下：

“ECMAScript 可以为不同种类的宿主环境提供核心的脚本编程能力，因此核心的脚本语言是与任何特定的宿主环境分开进行规定的......”

Web 浏览器对于 ECMAScript 来说是一个宿主环境，但它并不是唯一的宿主环境。事实上，还有不计其数的其他各种环境（如 Nombas 的 ScriptEase、Macromedia 同时用在 Flash 和 Director MX 中的 ActionScript）可以容纳 ECMAScript。那么 ECMAScript 在浏览器之外规定了些什么呢？

简单地说，ECMAScript 描述了语法、类型、语句、关键字、保留字、运算符、对象。ECMAScript 仅仅是一个描述，定义了脚本语言的所有属性、方法和对象。

每个浏览器都有它自己的 ECMAScript 接口的实现，然后这个实现又被扩展，包含了 DOM 和 BOM。当然还有其他实现并扩展了 ECMAScript 的语言，如 Windows 脚本宿主（Windows Scripting Host、WSH）、Macromedia 在 Flash 和 Director MX 中的 ActionScript 以及 Nombas ScriptEase。

在数百万个页面中，JavaScript 被用来改进设计、验证表单、检测浏览器、创建 cookies 等。

JavaScript 是 Internet 上最流行的脚本语言，可在主要的浏览器中运行，如 Internet Explorer、Google Chrome、Mozilla、Firefox、Netscape 和 Opera。

（1）什么是 JavaScript。

①JavaScript 被设计用来向 HTML 页面添加交互行为。

②JavaScript 是一种脚本语言（脚本语言是一种轻量级的编程语言）。

③JavaScript 由数行可执行计算机代码组成。

④JavaScript 通常被直接嵌入 HTML 页面。

⑤JavaScript 是一种解释性语言（即代码执行不进行预编译）。

⑥所有人无须购买许可证即可使用 JavaScript。

（2）JavaScript 的功能。

1）JavaScript 为 HTML 设计师提供了一种编程工具。

HTML 创作者往往都不是程序员，但 JavaScript 却是一种只拥有极其简单的语法的脚本语言。几乎每个人都有能力将短小的代码片断放入其 HTML 页面中。

2）JavaScript 可以将动态的文本放入 HTML 页面。

类似于这样的一段 JavaScript 声明可以将一段可变的文本放入 HTML 页面中：document.write("<h1>" + name + "</h1>")。

3）JavaScript 可以对事件作出响应。

可以将 JavaScript 设置为当某事件发生时才会被执行，例如页面载入完成或者当用户单击某个 HTML 元素时。

4）JavaScript 可以读写 HTML 元素。

JavaScript 可以读取和改变 HTML 元素的内容。

5）JavaScript 可被用来验证数据。

在数据被提交到服务器之前，JavaScript 可被用来验证这些数据。

6）JavaScript 可被用来检测访问者的浏览器。

JavaScript 可被用来检测访问者的浏览器，并根据所检测到的浏览器为其载入相应的页面。

7）JavaScript 可被用来创建 cookies。

JavaScript 可被用来存储和取回位于访问者计算机中的信息。

（3）JavaScript 的应用。

可以使用 JavaScript 确保用户在表单中输入有效的信息，这样可以节省许多时间和开支。如果表单需要进行计算，那么可以在用户计算机上的 JavaScript 中完成，而不需要在任何服务器端处理。JavaScript 包含两种区分程序的方式：在用户计算机上运行的程序称为客户端（client-side）程序；在服务器上运行的程序（包括后面要讨论的 CGI）称为服务器端（server-side）程序。

1）客户端应用。

JavaScript 最初的设计目的就是在浏览器上执行客户的请求，客户端程序使用<script>…</script>标签对，直接由浏览器在客户端执行，大大节省了页面响应的时间。

例如，使用 JavaScript 客户端程序输出一个简单的 Hello, World!的消息，代码如下：

```
<script type="text/javascript">
    var msg ='Hello,World!'
    alert(msg);
</script>
```

2）服务器端应用。

服务器端使用<server>…</server>标签对时，服务器端代码不会被浏览器直接解释，需要通过服务器解释执行。服务器端 JavaScript 有许多扩展的对象、方法、属性和事件等。服务器端 JavaScript 经过编译后生成二进制代码组成.web 文件，这个文件包括了关于网络应用的所有文件，即.html 和.js 文件。

服务器端 JavaScript 有着较强的同数据库连接的能力，它可以连接 DB2、Infromix、Oracle、Sybase、SQL Server 等数据库。

下面编写第一个 JavaScript 程序。通过这个例子可以说明 JavaScript 的脚本是怎样被嵌入到 HTML 文档中并弹出对话框显示相关信息的。

编写代码如下：

```
<html>
    <head>
        <Script type="text/JavaScript">
            //JavaScript 代码写在这里
            alert("欢迎进入这个美妙的 JavaScript 世界！");
            alert("今后我们将共同学习 JavaScript 知识！");
        </Script>
    </head>
</html>
```

这段程序一共弹出两个消息窗口，第一个窗口如图 3-2 所示。

图 3-2　消息窗口 1

单击第一个消息弹出窗口的“确定”按钮后，弹出第二个窗口，如图 3-3 所示。

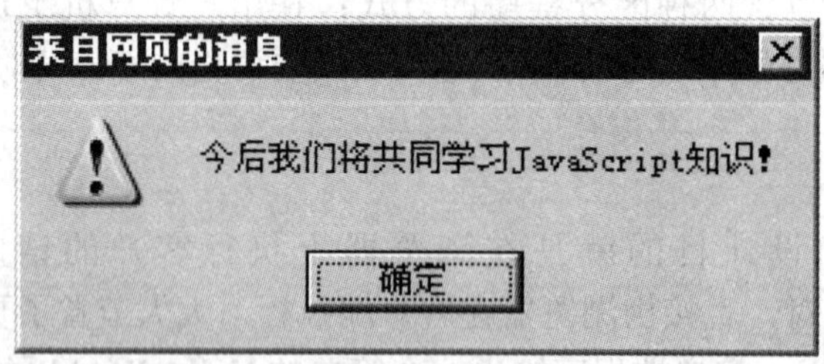

图 3-3　消息窗口 2

（4）总结一下这个 JavaScript 文件的特点：

①firstJavaScript.html 是 HTML 文档，其标识格式为标准的 HTML 格式；

②如同 HTML 标识语言一样，JavaScript 程序代码是一些可用字处理软件浏览的文本，它在描述页面的 HTML 相关区域出现；

③ JavaScript 代码由<Script type="text/JavaScript">...</Script>说明。在标识<Script type="text/JavaScript">...</Script>之间就可加入 JavaScript 脚本；

④以前<Script type="text/JavaScript">的写法为<Script language="JavaScript">，这个属性在 W3C 的 HTML 标准中已不再推荐使用；

⑤alert()是在项目开发中应用比较多的一个窗口对象方法，并且在调试程序时应用得非常多；

⑥通过<!-- ...//-->标识说明：若是不认识 JavaScript 代码的浏览器，则所有在其中的标识均被忽略；若是认识的，则执行其结果；

⑦单行注释以双斜杠开头（//）。

（5）JavaScript 的特点。

JavaScript 在简单的 HTML 和服务器端复杂的 CGI 程序之间架设起一座桥梁。JavaScript 的特点主要表现在以下几个方面：

1）简单性。

JavaScript 是一种脚本编写语言，它采用小程序段的方式实现编程。像其他脚本语言一样，JavaScript 同样也是一种解释性语言，它提供了一个简易的开发过程，它的基本结构形式与 C、C++、VB、Delphi 十分类似。但它不像这些语言一样需要先编译，而是在程序运行过程中被逐行地解释。它与 HTML 标识结合在一起，从而方便用户的使用操作。

2）动态性。

JavaScript 是动态的，它可以直接对用户或客户输入作出响应，无须经过 Web 服务程序。它对用户请求的响应采用事件驱动的方式进行。所谓的“事件驱动”，就是指在主页中执行了某种操作所产生的动作，即“事件”，如按下鼠标、移动窗口、选择菜单等都可以视为事件。当事件发生后，可能会引起相应的事件响应。

3）基于对象的语言。

JavaScript 是一种基于对象的语言，同时也可以看作是一种面向对象的语言，这意味着它可以运用自己已经创建的对象。因此，许多功能可以来自于脚本环境中对象的方法与脚本的相互作用。

4）安全性。

JavaScript 是一种安全性语言，它不允许访问本地的硬盘，且并不能将数据存入服务器中。不允许对网络文档进行修改和删除，只能通过浏览器实现信息浏览或动态交互，从而有效地防止数据的丢失。

5）跨平台性。

JavaScript 依赖于浏览器本身，与操作环境无关，只要是能运行浏览器的计算机且支持 JavaScript 的浏览器就可以正确执行。

6）节省 CGI 的交互时间。

CGI（Common Gateway Interface）是一种基于浏览器的输入、在 Web 服务器上运行的程序方法。CGI 脚本使浏览器与用户能交互。为了在数据库中寻找一个名词，提供写入的评论，或者从一个表单中选择几个条目并能得到一个明确的回答。如果曾经遇到过在 Web 上填表或进行搜索，那就是用的 CGI 脚本。那时也许没有意识到，因为大部分工作是在服务器上运行的，看到的只是结果。

随着 WWW 的迅速发展，有许多服务器提供的服务要与客户端进行交互，如确定用户的身份、服务的内容等，这些工作通常由 CGI/Perl 编写相应的接口程序与用户进行交互来完成。很显然，通过网络与用户的交互，一方面增大了网络的通信量，另一方面也影响了服务器的服务性能。服务器为一个用户运行一个 CGI 时，需要一个进程为它服务，它要占用服务器的资源（如 CPU 和内存消耗等）。如果用户操作出现错误，与服务器连接占用的时间就会相应增加。在有很多用户同时访问时，将严重影响服务器的性能。

而 JavaScript 是一种基于客户端浏览器的语言，用户在浏览器中填表、验证的交互过程只是通过浏览器对调入 HTML 文档中的 JavaScript 源代码进行解释执行来完成的，即使是必须调用 CGI 的部分，浏览器只需将用户输入验证后的信息提交给远程的服务器，大大减少了服务器的开销。

2. JavaScript 基本语法

如果熟悉 C、C++、Java 或者 Perl 这些语言，就会发现 ECMAScript 的语法其实很容易掌握，因为它借用了这些语言的语法。

（1）Java 和 ECMAScript 有一些关键的语法特性相同，也有一些完全不同。

ECMAScript 变量命名如下：

①第一个字符必须是字母、下划线（_）或美元符号（$）；

②余下的字符可以是下划线、美元符号、字母或数字字符；

③与 Java 一样，变量、函数名、运算符等都是区分大小写的（变量 test 与变量 TEST 是不同的）。

（2）ECMAScript 变量类型。

ECMAScript 中的变量无特定的类型。与 Java 和 C 不同，定义变量时只用 var 运算符，可以将它初始化为任意值。因此，可以随时改变变量所存数据的类型（如下例所示，但应尽力避免改变数据类型的处理）。

```
var message = "我们一起学习 JavaScript。";//此时是字符串
message = 20;//此时是数字类型
message = true;//此时是布尔类型
```

（3）每行结尾的分号可有可无。

Java、C 和 Perl 都要求每行代码以分号（;）结束才符合语法。ECMAScript 则允许开发者自行决定是否以分号结束一行代码。如果没有分号，ECMAScript 就把折行代码的结尾看作该语句的结尾（与 Visual Basic 和 VBScript 相似），前提是这样没有破坏代码的语义。

最好的代码编写习惯是加入分号，因为没有分号，有些浏览器就不能正确运行，不过根据 ECMAScript 标准，下面两行代码都是正确的：

```
var strTest1 = "Test1"
var strTest2 = "Test2";
```

（4）ECMAScript 注释与 Java、C 和 PHP 语言的注释相同。

ECMAScript 借用了这些语言的注释语法。有以下两种类型的注释：

①单行注释以双斜杠开头（//）；

②多行注释以单斜杠和星号开头（/*），以星号和单斜杠结尾（*/）。

例子：

```
//此处可以写单行注释
/*此处可以写
多行注释*/
```

（5）括号表示代码块。

从 Java 中借鉴的另一个概念是代码块。代码块表示一系列应该按顺序执行的语句，这些语句被封装在左大括号（{）和右大括号（}）之间。

例子：

```
if (test == "red") {
    test = "blue";
    alert(test);
}
```

实例（利用 document 输出内容、设置颜色等）：

把 document.write 命令输入到 <script type="text/javascript">与</script>之间后，浏览器就会把它当作一条 JavaScript 命令来执行。document 对象在 JavaScript 中有着重要的应用，document 对象包括很多方法和属性，在后面的部分会详细讲解。

```
<html>
<head>
<Script type="text/JavaScript">
    //动态向页面写入内容
    document.write("这个例子是让大家对 Document 对象有一个初步"+
        "了解!<br/>")
    //设置文档标题，等价于 HTML 的<title>标签
    document.title ='设置文档标题，等价于 HTML 的<title>标签'
    //设置页面背景色
    document.bgColor="#FFFF66"
    //设置前景色(文本颜色)
    document.fgColor = "#FF0000"
    //未单击过的链接颜色
    document.linkColor = "#0000CC"
    //已单击过的链接颜色
    document.vlinkColor = "#0FFF66"
    //以下三句代码是利用 document.write 对显示文字格式的实现
    document.write("<p style='font-size: 20pt; "+
        "color: #FF0066;background-color: #00FFCC;'>")
    document.write("document.write()添加文字的显示样式。")
    document.write("</p>")
</Script>
</head>
<body>
<p> 您还可以找到
    <a href="http://go.microsoft.com/fwlink/?LinkID=152368"
        title="MSDN ASP.NET 文档">MSDN 上有关 ASP.NET 的文档。</a>。
</p>
</body>
</html>
```

以上例子的运行结果如图 3-4 所示。

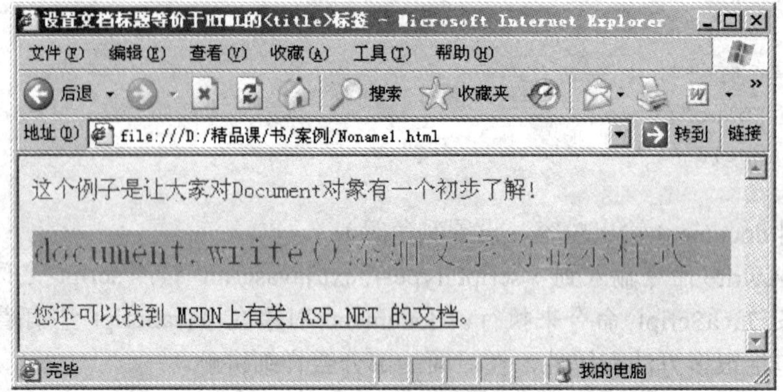

图 3-4　利用 document 输出内容，设置颜色

3．JavaScript 函数

（1）什么是函数。

函数是一组可以随时随地运行的语句。函数是 ECMAScript 的核心。函数是由以下方式进行声明的：关键字 function、函数名、一组参数以及置于括号中的待执行代码。

函数的基本语法如下：

```
function functionName(arg0, arg1, ... argN) {
   statements
}
```

例如：

```
function sayHi(sName, sMessage) {
   alert("Hello " + sName + sMessage);
}
```

（2）如何调用函数。

函数可以通过其名字加上括号中的参数进行调用。如果想调用上例中的函数，可以使用如下代码：

```
sayHi("David", " Nice to meet you!")
```

调用上面的函数 sayHi()会生成一个警告窗口。参考代码如下：

```
<html>
<body>
  <script type="text/javascript">
    function sayHi(sName, sMessage) {
       alert("Hello " + sName + sMessage);
    }
    sayHi("David", " Nice to meet you!");
  </script>
</body>
</html>
```

（3）函数如何返回值。

函数 sayHi()未返回值，不过不必专门声明（像在 Java 中使用 void 那样）。

即使函数确实有值，也不必明确地声明。该函数只需使用 return 运算符后面跟上要返回的值即可。

```
function sum(iNum1, iNum2) {
    return iNum1 + iNum2;
}
```

下面的代码对 sum 函数返回的值赋予一个变量：

```
var iResult = sum(1,1);
alert(iResult); //输出 "2"
```

另一个重要概念是：与在 Java 中一样，函数在执行过 return 语句后立即停止代码。因此，return 语句后的代码都不会被执行。

例如，在下面的代码中，alert 窗口就不会显示出来：

```
function sum(iNum1, iNum2) {
    return iNum1 + iNum2;
    alert(iNum1 + iNum2);
}
```

一个函数中可以有多个 return 语句，如下所示：

```
function diff(iNum1,iNum2){
    if(iNum1>iNum2){
        return iNum1-iNum2;
    }else{
        return iNum2-iNum1;
    }
}
```

上面的函数用于返回两个数的差。要实现这一点，必须用较大的数减去较小的数，因此用 if 语句决定执行哪个 return 语句。

如果函数无返回值，那么可以调用没有参数的 return 运算符，随时退出函数。

例如：

```
function sayHi(sMessage) {
    if (sMessage == "bye") {
        return;
    }
    alert(sMessage);
}
```

在以上代码中，如果 sMessage="bye"，就不显示警告框。

说明：如果函数无明确的返回值或调用了没有参数的 return 语句，那么其真正返回的值是 undefined。

1.1.2　案例步骤

Title 栏滚动特效

创建 HTML 文件后，可以在里面输入如下参考代码：

```
<!DOCTYPE HTML PUBLIC "-//W3C//DTD HTML 4.0 Transitional//EN">
<html>
<head>
<title>欢迎进入这个精彩的 JavaScript 世界！</title>
```

```
    <script type="text/javascript">
        var text=document.title
        var timerID
        function newtext() {
           //取消由 setTimeout()方法设置的 timeout
               clearTimeout(timerID)
           //最新字符串是上一个字符串的第一个字符移动到最后位置得到的
           document.title=text.substring(1,text.length)+
                  text.substring(0,1)
           //把取得的最新字符串重新赋值给中间变量
               text=document.title.substring(0,text.length)
           //在 100 毫秒数后重新再调用该函数
               timerID = setTimeout("newtext()", 100)
        }
        newtext()
    </script>
    </head>
</html>
```

运行效果如图 3-5 所示（本页面的 Title 内容动态向左滚动显示）。

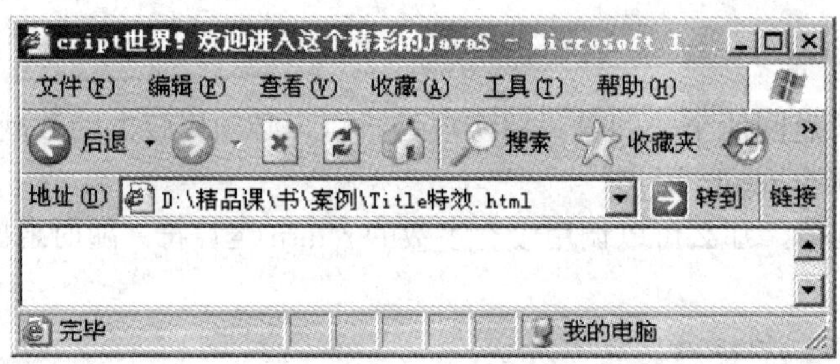

图 3-5 Title 栏滚动特效效果

1.2 案例二 水波文字效果

本案例是利用 JavaScript 实现水波文字效果，即显示的文字时刻在以水波的效果在波动。本案例中的文字为“飞流之下三千尺，疑是银河落九天！”。通过本案例掌握 JavaScript 的基本运算。

1.2.1 案例资讯

JavaScript 运算

运算符完成操作的一系列符号。在 JavaScript 中有算术运算符，如+、-、*、/等；有比较运算符，如!=、==等；有逻辑布尔运算符，如！（取反）、|、||；有字串运算符，如+、+=等。

（1）算术操作符。

+（算术加法、字符串加法）：将两个数相加；连接两个字符串。

++（自增）：将表示数值的变量加一（可以返回新值或旧值）。

-（求相反数，减法）：作为求相反数操作符时，返回参数的相反数；作为二进制操作符时，将两个数相减。

--（自减）：将表示数值的变量减一（可以返回新值或旧值）。

*（乘法）：将两个数相乘。

/（除法）：将两个数相除。

%（求余）：求两个数相除的余数。

+=（先加再赋值）：两个数相加后再赋值；连接两个字符串，并将结果赋给第一个字符串。

例子：

```
var addEqual = 10;
var equalAdd = 10;
var tmp = ++addEqual;
alert("++addEqual :" + tmp);
tmp = equalAdd++;
alert("equalAdd++ :" + tmp);
```

运行结果如图 3-6 和图 3-7 所示。

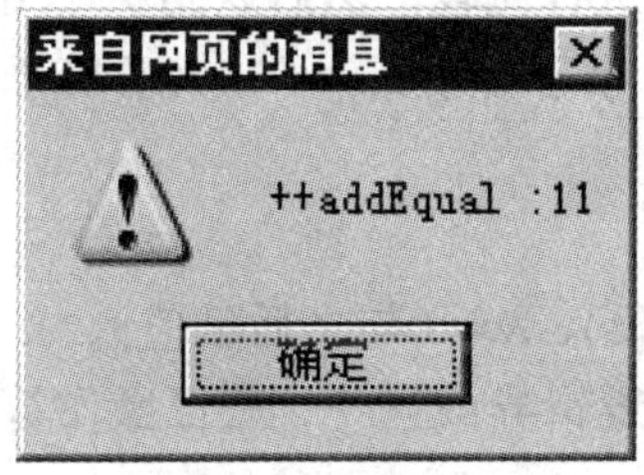

图 3-6　运行结果 1

图 3-7　运行结果 2

++（自加加）与--（自减减）这两个操作符根据所放变量的位置不同，产生的结果是不同的。这个特点一定要注意，一不小心就会出错。

（2）逻辑运算符。

&&（逻辑与）：如果两个操作数都是真的，则返回真；否则返回假。

||（逻辑或）：如果两个操作数都是假的，则返回假；否则返回真。

!（逻辑非）：如果其单一操作数为真的，则返回假；否则返回真。

?:（三目操作符）：如果表达式是真的，则取第一个值；否则取第二个值。

例如：

```
x>y?0:1
```

（3）比较运算符。

==：如果操作数相等，则返回真。

!=：如果操作数不相等，则返回真。

>：如果左操作数大于右操作数，则返回真。

>=：如果左操作数大于或等于右操作数，则返回真。

<：如果左操作数小于右操作数，则返回真。

<=：如果左操作数小于或等于右操作数，则返回真。

例如：

```
var bResult1 = 2 > 1    //true
var bResult2 = 2 < 1    //false
var bResult = "Blue" < "alpha";
/*输出true，字符串 "Blue"小于"alpha"，因为字母B的字符代码是66，字母a的字符代码是 97。*/
alert(bResult);
```

（4）基本算法总结。

JavaScript 主要有双目运算符和单目运算符。双目运算符由以下结构组成：操作数 1 运算符 操作数 2，即由两个操作数和一个运算符组成。如 50＋40、"This"+"that"等。单目运算符只需一个操作数，其运算符可在前或在后。

1）算术运算符总结。

JavaScript 中的算术运算符有单目运算符和双目运算符。

双目运算符：+（加）、-（减）、*（乘）、/（除）、%（取模）、|（按位或）、&（按位与）、<<（左移）、>>（右移）、>>>（右移，零填充）。

单目运算符：-（取反）、~（取补）、++（递加 1）、--（递减 1）。

2）比较运算符总结。

比较运算符的基本操作过程是：首先对它的操作数进行比较，然后返回一个 true 或 false 值。包括 6 个比较运算符：<（小于）、>（大于）、<=（小于等于）、>=（大于等于）、==（恒等于）、!=（不等于）。

3）逻辑运算符总结。

在 JavaScript 中增加了几个布尔逻辑运算符：!（取反）、&=（与之后赋值）、&（逻辑与）、|=（或之后赋值）、|（逻辑或）、^=（异或之后赋值）、^（逻辑异或）、?:（三目操作符）、||（或）、==（恒等于）、|=（不等于）。

1.2.2 案例步骤

水波文字效果

创建 HTML 文件后，可以在里面输入如下参考代码：

```
<html>
<head>
   <title>水波文字效果</title>
</head>
<body bgcolor="#CCFFFF" onLoad="if (document.all)wave()">
   <center>
      <div id='water' style='position:relative;width:400px;
      height:150px;font-family:Verdana;font-size:50px;color:#8080ff'>
      </div>
   </center>
   <script type="text/javascript">
   //设定改变效果的步长
   var step=3;
      var xstep=0;
```

```
    var msg='飞流直下三千尺，<br>疑是银河落九天！';
    //设定效果图层的内容
    water.innerHTML=msg
    //实现水波文字效果
    function wave(){
    //这句用来设定图层的 style,其中滤镜的 phase 属性根据 xstep 的值动态设定
    document.all.water.style.filter='wave(freq=3,strength=5,'+
        'phase='+xstep+', lightstrength=45, add=0, enabled=1)';
    //根据 step 值来改变 xstep 值，使下一次刷新图层 style 时波纹角度略有改变
    xstep+=step;
    //设定下一次更改的延时
    TIMER=setTimeout('wave()',10);
    }
  //-->
  </script>
</html>
```

运行效果如图 3-8 所示。

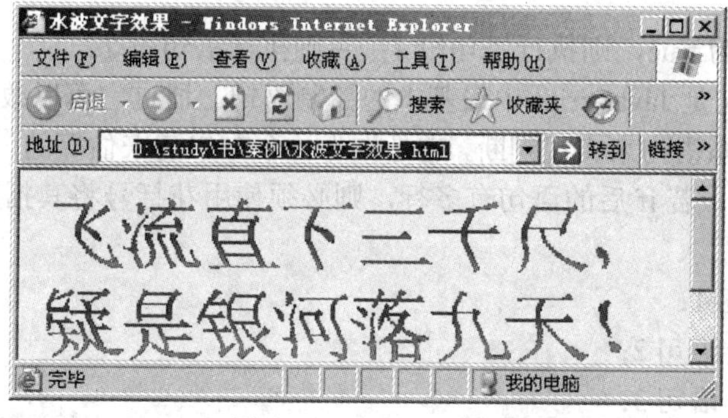

图 3-8 水波文字效果

1.3 案例三 页面中输入的年月日是否正确

页面中共有三个输入框，分别要求输入年份、月份和日，然后单击“开始判断”按钮，判断这三个输入值是否正确，这里输入的三个值需要判断正整数。另外月份的范围为 1～12，同时 1 月份、3 月份、5 月份、7 月份、8 月份、10 月份、12 月份这几个月的日期范围是 1～31；4 月份、6 月份、9 月份、11 月份这几个月的日期范围是 1～30；而 2 月份需要根据是否为闰年来判断日期的范围，如果是闰年，日期范围为 1～29，否则为 1～28。

如果用户输入的年有误，则弹出“您输入的年有误！”信息提示框；如果用户输入的月有误，则弹出“您输入的月有误！”信息提示框；如果用户输入的日有误，则弹出“您输入的日有误！”信息提示框；如果用户输入的年月日都正确，则弹出“您输入的年月日正确！”信息提示框。

通过本案例掌握 JavaScript 的程序控制语句。

1.3.1 案例资讯

在任何一种语言中，程序控制流是必需的，它能使得整个程序减小混乱，顺利按其一定的方式执行。下面介绍 JavaScript 程序控制语句。

JavaScript 程序控制语句

ECMA-262 规定了一组流程控制语句，与 C、Java 等语言的流程控制语句的语法类似，包括 if 语句、do-while 语句、while 语句、for 语句、for-in 语句、label 语句、break 和 continue 语句、with 语句和 switch 语句等。下面是 JavaScript 常用的程序控制流结构及语句。

（1）if 语句。

if 基本格式：

```
if（表达式）
    语句段 1；
    ...
else
    语句段 2；
    ...
```

功能：若表达式为 true，则执行语句段 1；否则执行语句段 2。

说明：if-else 语句是 JavaScript 中最基本的控制语句，通过它可以改变语句的执行顺序。表达式中必须使用关系语句来实现判断，它是作为一个布尔值来估算的。它将零和非零的数分别转化成 false 和 true。若 if 后的语句有多行，则必须使用花括号将其括起来。

if 语句的嵌套：

```
if（布尔值）语句 1；
else if（布尔值）语句 2；
else if（布尔值）语句 3；
...
else 语句 4；
```

在这种情况下，每一级的布尔表达式都会被计算。若为真，则执行其相应的语句；否则执行 else 后的语句。

实例（利用 if-else 实现了分时段打招呼）：

下面举一个例子，利用 if-else 实现分时段打招呼，代码如下：

```
<html>
<head>
   <title>JavaScript 程序控制流--if 语句的测试小程序</title>
<script type="text/JavaScript">
   //取得当前时间
   var activedate=new Date();
   //取得当前时间的小时数字
   activehour=activedate.getHours()
   //当前时间是 6 点～12 点
   if(activehour>=6 && activehour<12){
```

```
    document.write("早上好！"+"<br>")
  //当前时间是 13 点～18 点
  }else if(activehour>=12 && activehour<18){
    document.write("下午好！"+"<br>")
  //当前时间是 19 点～24 点
  } else if(activehour>=18 && activehour<24){
    document.write("晚上好！"+"<br>")
  //当前时间是凌晨 0 点～5 点
  }else if(activehour==24 || activehour<6){
    document.write("凌晨好！"+"<br>")
  }
</script>
</head>
<body>
</body>
</html>
```

以上代码在下午测试时的运行结果如图 3-9 所示。

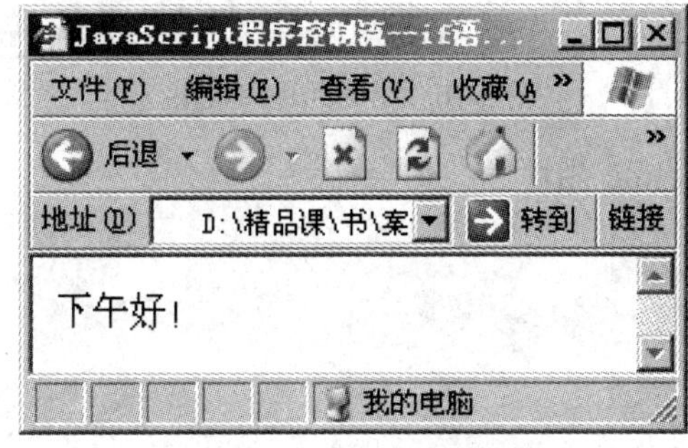

图 3-9　分时段打招呼

本例中用到了 Date 对象，在后面会详细讲解。

（2）for 循环语句。

for 基本格式：

for(初始化;条件;增量)

　　语句集;

功能：实现条件循环，当条件成立时，执行语句集；否则跳出循环体。

说明：初始化参数表明循环的开始位置，必须赋予变量的初值。

条件：是用于判别循环停止时的条件。若条件满足，则执行循环体；否则跳出。

增量：主要定义循环控制变量在每次循环时按什么方式变化。

三个主要语句之间必须使用分号分隔。

实例（打印小九九程序，用 for 循环实现）：

```
var i=1;
var j=1;
for(i = 1;i<=9;i++){
  for(j=1;j<=i;j++){
```

```
        document.write(i+ "*" + j + "=" + (i * j) + "    ");
    }
    document.write("<br/>");
}
```

运行结果如图 3-10 所示。

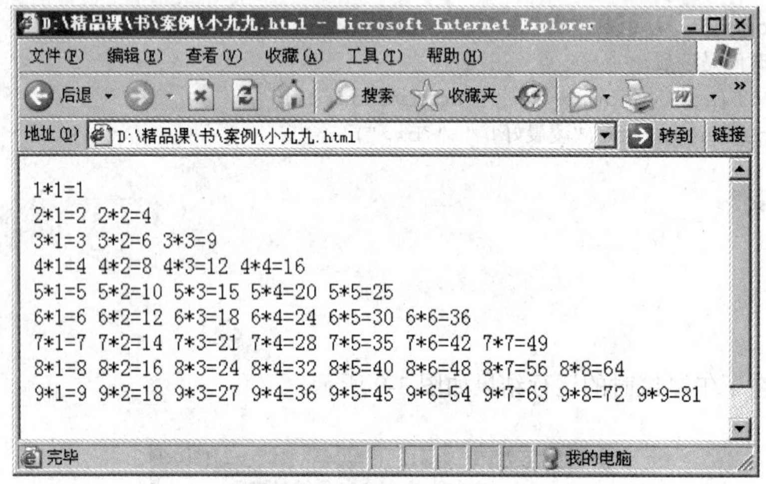

图 3-10 小九九程序效果

（3）while 循环与 do-while 循环。

1）while 循环。

while 基本格式：

while（条件）

　　语句集；

该语句与 for 语句一样，当条件为真时，重复循环；否则退出循环。

实例（打印小九九程序，用 while 循环实现）：

```
var i=1;
var j=1;
while(i<=9){
    j=1;
    while(j<=i){
        document.write(i+ "*" + j + "=" + (i * j) + "    ");
        j++;
    }
    document.write("<br/>");
    i++;
}
```

运行结果如图 3-10 所示。

2）do-while 循环。

do-while 基本格式：

do{

```
    语句集;
}while（条件）;
```

该语句与 while 语句相似，只是 while 语句先判断条件再执行语句集，而 do-while 语句是先执行一次语句集，然后再判断条件，再执行。

for 与 while 这两种语句都是循环语句，使用 for 语句处理有关数字时更易看懂，也较紧凑；而 while 循环对复杂的语句效果更特别。

实例（打印小九九程序，用 do-while 循环实现）：

```
var i=1;
var j=1;
do{
    j=1;
    do{
        document.write(i+ "*" + j + "=" + (i * j) + "    ");
        j++;
    }while(j<=i)
    document.write("<br/>");
    i++;
}while(i<=9)
```

运行结果如图 3-10 所示。

（3）break 和 continue 语句。

与 C、C++、Java 等语言相同，使用 break 语句使循环从 for 或 while 中跳出，使用 continue 语句跳过本次循环内剩余的语句而进入下一次循环。break 命令可以终止循环的运行，然后继续执行循环之后的代码（如果循环之后有代码）。continue 命令会终止当前的循环，然后从下一个值继续运行。

实例（JavaScript 语句的 break 应用）：

```
<html>
<body>
   <script type="text/javascript">
      var i=0
      for (i=0;i<=10;i++){
         //本行代码之后的两行代码不被执行，i=3 之后的循环不被执行
         if (i==3){break}
         document.write("The number is " + i)
         document.write("<br />")
      }
   </script>
</body>
</html>
```

结果如下：

```
The number is 0
The number is 1
The number is 2
```

实例（JavaScript 语句的 continue 应用）：

```
<html>
<body>
  <script type="text/javascript">
    var i=0
    for (i=0;i<=10;i++){
      //本行代码之后的两行代码不被执行，i=3 之后的循环继续被执行
      if (i==3){continue}
      document.write("The number is " + i)
      document.write("<br />")
    }
  </script>
</body>
</html>
```

结果如下：

```
The number is 0
The number is 1
The number is 2
The number is 4
The number is 5
The number is 6
The number is 7
The number is 8
The number is 9
The number is 10
```

对比以上两个运行结果，如使用 break，i=3 之后的循环不被执行；而使用 continue，i=3 的循环不被执行，其他语句依然被执行。

（4）switch 语句。

当指定的表达式的值与某个标签匹配时，即执行相应的一个或多个语句。

switch 基本格式：

```
switch (expression) {
   case label:
      statementlist
   case label:
      statementlist
   ...
   default :
      statementlist
}
```

参数如下：

expression：要求值的表达式。

label：根据 expression 来匹配的标识符。如果 label== expression，则立即从冒号后的 statementlist 处开始执行，直到遇到一个可选的 break 语句或到达 switch 语句的最后。

statementlist：要执行的一个或多个语句。

说明：使用 default 子句来提供一个语句，该语句只在没有任何标签值与 expression 相匹配时才被执行。它可以出现在 switch 代码块内的任何地方。

可以指定零个或多个 label 块。如果没有 label 与 expression 的值匹配，并且没有提供 default 情况，则不执行任何语句。

通过 switch 语句执行流程如下：

1）求 expression 的值并依次查看 label，直到找到一个匹配。

2）如果 label 的值等于 expression 的值，则执行其相应的 statementlist。继续执行直到遇到一个 break 语句，或者 switch 语句结束。这意味着如果没有使用一个 break 语句，则多个 label 块被执行。

3）如果没有 label 等于 expression 的值，则跳转到 default 情况。如果没有 default 情况，则跳转到最后一步。

4）继续执行紧接 switch 代码块末尾的语句。

实例（利用 switch 实现分时段打招呼）：

下面用 switch 语句实现分时段打招呼，主要参考代码如下：

```
//取得当前的时间
var activedate=new Date();
//取得当前时间的小时
activehour=activedate.getHours();
//根据当前时间的小时判断
switch(activehour){
    //当前时间是 7、8、9、10、11、12 点时，打印“上午好！”的信息。
    case 7:
    case 8:
    case 9:
    case 10:
    case 11:
    case 12:
        document.write("上午好！");
        break;
    //当前时间是 13、14、15、16、17、18 点时，打印“下午好!”的信息
    case 13:
    case 14:
    case 15:
    case 16:
    case 17:
    case 18:
        document.write("下午好！");
        break;
    //当前时间是 19、20、21、22、23、24 点时，打印“晚上好!”的信息
    case 19:
    case 20:
```

```
    case 21:
    case 22:
    case 23:
    case 24:
        document.write("晚上好！");
        break;
    //当前时间是1、2、3、4、5、6点时，打印“凌晨好!”的信息
    case 1:
    case 2:
    case 3:
    case 4:
    case 5:
    case 6:
        document.write("凌晨好！");
        break;
    //当前时间是其他时间时，打印“时间有误!”的信息
    default:
        document.write("时间有误！");
        break;
}
```

运行结果如图 3-9 所示。

1.3.2 案例步骤

页面中输入的年月日是否正确

创建 HTML 文件后，可以在里面输入如下参考代码：

```
<!DOCTYPE HTML PUBLIC "-//W3C//DTD HTML 4.01 Transitional//EN" "http://www.w3.org/
TR/html4/loose.dtd">
<html>
<head>
<script type="text/JavaScript">
/*
*是否是闰年的方法判断
*/
function isleapyear(intyear){
    //是否是闰年的标识符
    var blnLeapyear=false;
    //如果输入的年份能整除4
    if(intyear%4==0){
        //能被4整除，但是不能被100整除的是闰年
        if(intyear%100!=0){
            blnLeapyear=true;
        }else if(intyear%400==0) {//能被400整除的是闰年
            blnLeapyear=true;
        }
```

```
    }
    return blnLeapyear;
}

/*
*单击“提交”按钮时，调用该方法检测用户的输入是否合法
*如不合法，焦点要落到第一个非法输入的控件上
*/
function inputCheck(){
    //输入的是否是正确标识符
    var blnInput = true;
    //输入的年是否合法
    var patt=new RegExp("^[0-9]*[1-9][0-9]*$");
    var yearInput = document.getElementById('txtYear').value;
    //如果输入的年不合法，焦点设置在年的输入框
    if(!patt.test(yearInput)){
        blnInput = false;
        document.form1.txtYear.focus();
        document.form1.txtYear.select();
        alert("您输入的年有误！");
    }
    //输入的月是否合法
    var monthInput = document.getElementById('txtMonth').value;
    //如果输入的月不合法
    if(!patt.test(monthInput)){
        //之前输入的年正确，焦点设置在月的输入框
        if(blnInput){
            document.form1.txtMonth.focus();
            document.form1.txtMonth.select();
        }
        blnInput = false;
        alert("您输入的月有误！");
    }else{
        //如果月份不合法，焦点设置在月的输入框
        if(monthInput>12){
            //如果之前输入的年正确
            if(blnInput){
                document.form1.txtMonth.focus();
                document.form1.txtMonth.select();
            }
            blnInput = false;
            alert("您输入的月有误！");
        }
    }
    //输入的日是否合法
```

```
var dayInput = document.getElementById('txtDay').value;
//如果输入的日不合法
if(!patt.test(dayInput)){
    //之前输入的年和月正确
    if(blnInput){
        document.form1.txtDay.focus();
        document.form1.txtDay.select();
    }
    blnInput = false;
    alert("您输入的日有误！");
}else if(blnInput){//如果之前输入的年和月均合法
    //根据月份判断本月的天数
    switch(parseInt( monthInput)){
        //1、3、5、7、8、10、12 月里最多有 31 天
        case 1:
        case 3:
        case 5:
        case 7:
        case 8:
        case 10:
        case 12:
            if(dayInput>31){
                //如果之前输入的年和月正确，焦点设置在日的输入框
                if(blnInput) {
                    document.form1.txtDay.focus();
                    document.form1.txtDay.select();
                }
                blnInput = false;
                alert("您输入的日有误！");
            }
            break;
        //4、6、9、11 月里最多有 30 天
        case 4:
        case 6:
        case 9:
        case 11:
            if(dayInput>30){
                //如果之前输入的年和月正确，焦点设置在日的输入框
                if(blnInput){
                    document.form1.txtDay.focus();
                    document.form1.txtDay.select();
                }
                blnInput = false;
                alert("您输入的日有误！");
            }
```

```
            break;
        //对二月份还得判断是否是闰年
        case 2:
            //如果是闰年，二月最多有 29 天
            if(isleapyear(yearInput)){
                if(dayInput>29){
                    //如果之前输入的年和月正确，焦点设置在日的输入框
                    if(blnInput){
                        document.form1.txtDay.focus();
                        document.form1.txtDay.select();
                    }
                    blnInput = false;
                    alert("您输入的日有误！");
                }
                //如果不是闰年，二月最多有 28 天
            }else{
                if(dayInput>28){
                    //如果之前输入的年和月正确，焦点设置在日的输入框
                    if(blnInput) {
                        document.form1.txtDay.focus();
                        document.form1.txtDay.select();
                    }
                    blnInput = false;
                    alert("您输入的日有误！");
                }

            }
            break;
        default:
            blnInput = false;
            alert("您输入的月有误！");
            break;
    }
  }
  //如果输入的年、月、日正确，弹出提示框
  if(blnInput){
      alert("您输入的年月日正确！");
  }
  return blnInput;
}
</script>
</head>
<body>
  <form name="myform" ID="form1">
    请输入年份：<input type="text" id="txtYear" name="txtYear"/>
    </br>
```

```
        请输入月份：<input type="text" id="txtMonth" name="txtMonth"/>
        </br>
        请输入天：<input type="text" id="txtDay" name="txtDay"/>
        </br>
        <input type="button" OnClick="inputCheck();"
           value="开始判断" ID="Button1" NAME="Button1"/>
        </form>
    </body>
    </html>
```

如果输入的年不正确，弹出的消息框如图 3-11 所示。如果输入的月不正确，弹出的消息框如图 3-12 所示。

图 3-11　输入的年不正确

图 3-12　输入的月不正确

如果输入的日不正确，弹出的消息框如图 3-13 所示。如果输入的年、月、日均正确，弹出的信息提示对话框如图 3-14 所示。

图 3-13　输入的日不正确

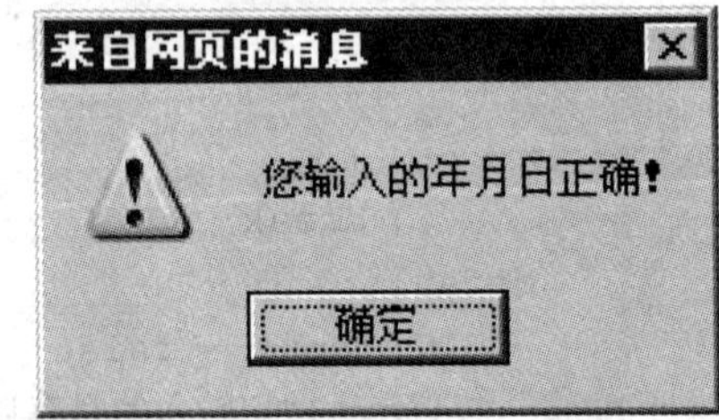

图 3-14　输入的年、月、日均正确

在这个案例中运用了正则表达式，正则表达式的具体语法本书将不作详细介绍，在需要用到一些简单的正则表达式时进行套用。

这个例子中大量运用了 if 语句，利用 if 和 switch 语句的相互嵌套实现了正确的业务处理。这个部分涉及到 JavaScript 方法的调用。在按钮的属性里有一个 onClick 属性，这个属性即按钮的事件，在 onClick 属性添加相应的属性就可以调用相应的 JavaScript 函数。

任务二 认识 JavaScript 对象

- 打印机式字符输出。
- 页面两侧的小广告。
- 记忆测试游戏。
- 很酷的日历。
- 产生随机数。

案例资讯

- String 对象介绍。
- Document 对象介绍。
- Array 对象介绍。
- Date 对象介绍。
- Math 对象介绍。

ECMA-262 将对象（object）定义为“无序属性的集合，其属性包含基本值、对象或函数”（unordered collection of properties each of which contains a primitive value, object,or function）。这意味着对象是无特定顺序的值的数组。对象的每个属性或方法都有一个名字，而每个名字都映射到一个值。在 ECMAScript 中，对象由特性（Attribute）构成，特性可以是原始值，也可以是引用值。如果特性存放的是函数，它将被看作是对象的方法（Method）；否则，该特性被看作是属性（Property）。

2.1 案例一 打印机式字符输出

本案例实现的是“打字机式字符输出”，在页面上显示的文字以类似于打印机的形式一个一个字地依次显示出来。通过本案例掌握 JavaScript 中 String 对象的基本特点与用法。

2.1.1 案例资讯

String 对象介绍

String 对象用于处理文本（字符串）。字符串是 JavaScript 的一种基本数据类型。String 对象的 length 属性声明了该字符串中的字符数。String 类定义了大量操作字符串的方法，如从字符串中提取字符或子串、检索字符或子串。

需要注意的是，JavaScript 的字符串是不可变的（immutable），String 类定义的方法都不能改变字符串的内容。对字符串的修改操作（如用 String.toUpperCase()方法），返回的是全新的字符串，而不是修改原始字符串。

创建 String 对象的语法如下：

```
new String(s);
String(s);
```

实例（把不同的对象转换为字符串）：

在本例中，我们将尝试把不同的对象转换为字符串，代码如下：

```
<script type="text/javascript">
    var test1= new Boolean(1);
    var test2= new Boolean(0);
    var test3= new Boolean(true);
    var test4= new Boolean(false);
    var test5= new Date();
    var test6= new String("999 888");
    var test7=12345;

    document.write(String(test1)+ "<br />");
    document.write(String(test2)+ "<br />");
    document.write(String(test3)+ "<br />");
    document.write(String(test4)+ "<br />");
    document.write(String(test5)+ "<br />");
    document.write(String(test6)+ "<br />");
    document.write(String(test7)+ "<br />");
</script>
```

以上代码的运行结果是：

```
true
false
true
false
Wed Oct 28 00:17:40 UTC+0800 2009
999 888
12345
```

String 对象常用的属性和方法如表 3-1 和表 3-2 所示。

表 3-1　String 对象常用属性

属性	描述
constructor	对创建该对象的函数的引用
length	字符串的长度

表 3-2 String 对象常用方法

方法	描述
anchor()	创建 HTML 锚
big()	用大号字体显示字符串
blink()	显示闪动字符串
bold()	使用粗体显示字符串
charAt()	返回在指定位置的字符
concat()	连接字符串
fixed()	以打字机文本显示字符串
fontcolor()	使用指定的颜色来显示字符串
fontsize()	使用指定的尺寸来显示字符串
indexOf()	检索字符串
italics()	使用斜体显示字符串
lastIndexOf()	从后向前搜索字符串
link()	将字符串显示为链接
localeCompare()	用本地特定的顺序来比较两个字符串
match()	找到一个或多个正则表达式的匹配
replace()	替换与正则表达式匹配的子串
search()	检索与正则表达式相匹配的值
slice()	提取字符串的片断，并在新的字符串中返回被提取的部分
small()	使用小字号来显示字符串
split()	把字符串分割为字符串数组
Strike()	使用删除线来显示字符串
Sub()	把字符串显示为下标
substr()	从起始索引号提取字符串中指定数目的字符
substring()	提取字符串中两个指定的索引号之间的字符
Sup()	把字符串显示为上标
toLocaleLowerCase()	把字符串转换为小写
toLocaleUpperCase()	把字符串转换为大写
toLowerCase()	把字符串转换为小写
toUpperCase()	把字符串转换为大写
toString()	返回字符串

（1）String 对象的方法。

实例（String 对象的 blink()、big()、sub()、fixed()等方法）：

在本例中，我们将尝试运用 String 对象的 blink()、big()、sub()、fixed()等方法，代码如下：

```
<html>
<body>
<script type="text/javascript">
    var txt="Hello World!"
    document.write("<p>Big: " + txt.big() + "</p>")
    document.write("<p>Small: " + txt.small() + "</p>")
    document.write("<p>Bold: " + txt.bold() + "</p>")
    document.write("<p>Italic: " + txt.italics() + "</p>")
    document.write("<p>Blink: " + txt.blink() +
       " (does not work in IE)</p>")
    document.write("<p>Fixed: " + txt.fixed() + "</p>")
    document.write("<p>Strike: " + txt.strike() + "</p>")
    document.write("<p>Fontcolor: " +
       txt.fontcolor("Red") + "</p>")
    document.write("<p>Fontsize: " + txt.fontsize(16) + "</p>")
    document.write("<p>Lowercase: " + txt.toLowerCase() + "</p>")
    document.write("<p>Uppercase: " + txt.toUpperCase() + "</p>")
    document.write("<p>Subscript: " + txt.sub() + "</p>")
    document.write("<p>Superscript: " + txt.sup() + "</p>")
    document.write("<p>Link: " +
       txt.link("http://www.w3school.com.cn") + "</p>")
</script>
</body>
</html>
```

以上代码的运行结果如图 3-15 所示。

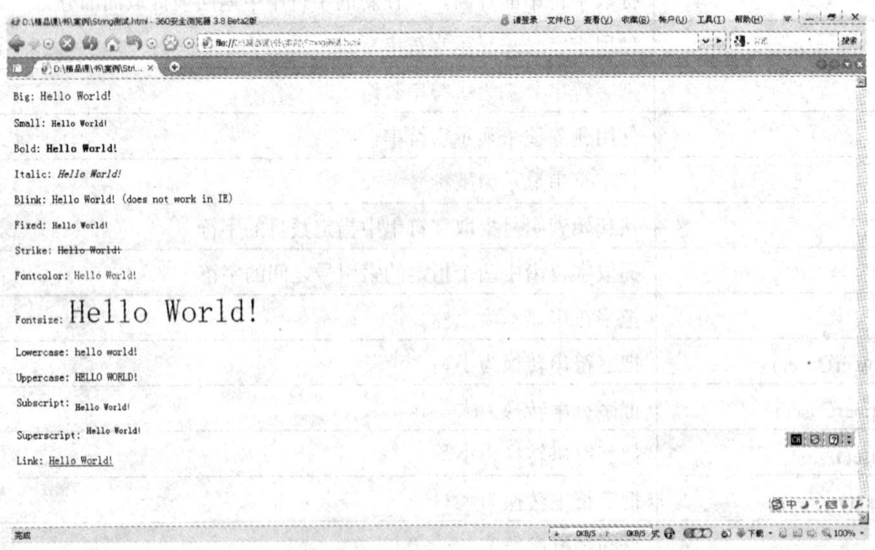

图 3-15　String 对象方法的实例效果

（2）concat()方法。

实例（concat()方法应用）：

在本例中，我们将创建两个字符串，然后使用 concat()方法把它们显示为一个字符串，代码如下：

```
<script type="text/javascript">
    var str1="Hello "
    var str2="world!"
    document.write(str1.concat(str2))
</script>
```

以上代码的运行结果是：

（3）indexOf()方法。

```
Hello world!
```

实例（indexOf()方法应用）：

说明：indexOf()方法对大小写敏感；如果要检索的字符串值没有出现，则该方法返回-1。

在本例中，我们将在 Hello world!字符串内进行不同的检索，代码如下：

```
<script type="text/javascript">
    var str="Hello world!"
    document.write(str.indexOf("Hello") + "<br />")
    document.write(str.indexOf("World") + "<br />")
    document.write(str.indexOf("world"))
</script>
```

以上代码的运行结果是：

```
0
-1
6
```

（4）substring()方法。

实例（substring()方法运用）：

语法：stringObject.substring(start,end)

如果省略 end 参数，那么返回的子串会一直到字符串的结尾；如果参数 start 与 end 相等，那么该方法返回的就是一个空串（即长度为 0 的字符串）；如果 start 比 end 大，那么该方法在提取子串之前会先交换这两个参数。

注意：与 slice()和 substr()方法不同的是，substring()不接受负的参数。

在本例中，我们将使用 substring()从字符串中提取一些字符，代码如下：

```
<script type="text/javascript">
    var str="Hello world!"
    document.write(str.substring(3))
</script>
```

以上代码的运行结果是：

```
lo world!
```

（5）split()方法。

实例（split()方法运用）：

语法：stringObject.split(separator,howmany)

参数 separator 必须为字符串或正则表达式，从该参数指定的地方分割 stringObject。参数 howmany 可指定返回的数组的最大长度。如果设置了该参数，返回的子串不会多于这个参数指定的数组；如果没有设置该参数，整个字符串都会被分割，不考虑它的长度。

说明：如果把空字符串（""）用作 separator，那么 stringObject 中的每个字符之间都会被分割。

在本例中，我们将按照不同的方式来分割字符串，代码如下：

```
<script type="text/javascript">
    var str="How are you doing today?"
    document.write(str.split(" ") + "<br />")
    document.write(str.split("") + "<br />")
    document.write(str.split(" ",3))
</script>
```

以上代码的运行结果是：

```
How,are,you,doing,today?
H,o,w, ,a,r,e, ,y,o,u, ,d,o,i,n,g, ,t,o,d,a,y,?
How,are,you
```

下面分割结构更为复杂的字符串：

```
"2:3:4:5".split(":")   //将返回["2", "3", "4", "5"]
"|a|b|c".split("|")    //将返回["", "a", "b", "c"]
```

使用下面的代码可以把句子分割成单词：

```
var words = sentence.split(' ')
```

或者使用正则表达式作为 separator：

```
var words = sentence.split(/"s+/)
```

如果希望把单词分割为字母或者把字符串分割为字符，可以使用下面的代码：

```
"hello".split("")       //可返回 ["h", "e", "l", "l", "o"]
```

若只需返回一部分字符，则使用 howmany 参数：

```
"hello".split("", 3)    //可返回 ["h", "e", "l"]
```

（6）match()方法。

match()方法可在字符串内检索指定的值，或者找到一个或多个正则表达式的匹配。该方法类似 indexOf()和 lastIndexOf()，但是它返回指定的值，而不是字符串的位置。

语法：stringObject.match(searchvalue)，其中 searchvalue 是必需的，用来设定要检索的字符串值；或者 stringObject.match(regexp)，其中 regexp 为必需的，用来设定要匹配的模式的 RegExp 对象。如果该参数不是 RegExp 对象，则需要首先把它传递给 RegExp 构造函数，将其转换为 RegExp 对象。

match()方法将检索字符串 stringObject，找到一个或多个与 regexp 匹配的文本。这个方法的行为在很大程度上依赖于 regexp 是否具有标志 g。

如果 regexp 没有标志 g，那么 match()方法就只能在 stringObject 中执行一次匹配。如果没有找到任何匹配的文本，match()将返回 null；否则，它将返回一个数组，其中存放了与它找到的匹配文本有关的信息。该数组的第零个元素存放的是匹配文本，而其余的元素存放的是与正则表达式的子表达式匹配的文本。除了这些常规的数组元素之外，返回的数组还含有两个对象属性。index 属性声明的是匹配文本的起始字符在 stringObject 中的位置，input 属性声明的是对 stringObject 的引用。

如果 regexp 有标志 g，则 match()方法将执行全局检索，找到 stringObject 中的所有匹配子字符串。若没有找到任何匹配的子串，则返回 null；如果找到了一个或多个匹配子串，则返回一个数组。不过全局匹配返回的数组的内容与前者大不相同，它的数组元素中存放的是 stringObject 中所有的匹配子串，而且也没有 index 属性或 input 属性。

注意：在全局检索模式下，match()既不提供与子表达式匹配的文本信息，也不声明每个匹配子串的位置。如果需要这些全局检索的信息，可以使用 RegExp.exec()。

实例（match()方法运用）：

在本例中，我们将在 Hello world!中进行不同的检索，代码如下：

```
<script type="text/javascript">
   var str="Hello world!"
   document.write(str.match("world") + "<br />")
   document.write(str.match("World") + "<br />")
   document.write(str.match("worlld") + "<br />")
   document.write(str.match("world!"))
</script>
```

以上代码的运行结果是：

```
world
null
null
world!
```

实例（match()方法运用）：

在本例中，我们将使用全局匹配的正则表达式来检索字符串中的所有数字，代码如下：

```
<script type="text/javascript">
   var str="1 plus 2 equal 3"
   document.write(str.match(/"d+/g))
</script>
```

以上代码的运行结果为：

```
1,2,3
```

2.1.2　案例步骤

打字机式字符输出

创建 HTML 文件后，可以在里面输入如下参考代码：

```
<!DOCTYPE HTML PUBLIC "-//W3C//DTD HTML 4.0 Transitional//EN">
<html>
<head>
<title> 打字机式字符输出 </title>
<script type="text/javascript">
<!--
if (document.all){ //如果是 IE 的话
   //以下是输出的内容，自己修改即可
   var dispStr = "<font color=black size=6>再别康桥</font><br>"+
          "<font color=red size=3>轻轻的我走了，</font><br>"+
          "<font color=green size=3>正如我轻轻的来；</font><br>"+
```

```
                "<font color=red size=3>我轻轻的挥手，</font><br>"+
                "<font color=black size=3>作别西天的云彩。</font><br>"+
                "<font color=blue size=3>那河畔的金柳，</font><br>"+
                "<font color=red size=3>是夕阳中的新娘；</font><br>"+
                "<font color=black size=3>波光里的艳影，</font><br>"+
                "<font color=red size=3>在我的心头荡漾。</font><br>"+
                "<font color=green size=3>软泥上的青荇，</font><br>"+
                "<font color=red size=3>油油的在水底招摇；</font><br>"+
                "<font color=blue size=3>在康河的柔波里，</font><br>"+
                "<font color=red size=3>我甘心做一条水草！</font><br>"+
                "<font color=black size=3>......</font>"

    //设置obj的内部html编码
    function writeOnText(obj, str) {
        //把字符串当成表达式来处理
        eval(obj+'.innerHTML= str');
    }
    //在页面中显示相应的内容
    function txtTyper(str, idx, idObj) {
        var tmp0 = tmp1 = '', skip = 0;
        if (idx <= str.length) {
            if(str.charAt(idx) == '<') {
                while (str.charAt(idx) != '>') idx++; idx++;
            }
            if(str.charAt(idx)=='&' && str.charAt(idx+1)!=' ') {
                while (str.charAt(idx) != ';') idx++; idx++;
            }
            //截取数组中的子串生成新的数组
            tmp0 = str.slice(0,idx);
            //取得字符
            tmp1 = str.charAt(idx++);
            writeOnText(idObj, "<span ><font color='#339933'>"+
                tmp0+"</font><font color='#99FF33'>"+
                tmp1+"</font></span>");
            //设定100毫秒的时间间隔再调用一次
            setTimeout("txtTyper('"+str+"', "+
                idx+", '"+idObj+"')",100);
        }
    }
    function init() {
        txtTyper(dispStr, 0, 'ttl0');
    }
}else{
    document.write("您的浏览器不支持");
```

```
}
// -->
</script>
</head>
<body bgcolor = "#ffffff" onload = "if (document.all)init()">
<div id=ttl0>
</div>
</body>
</html>
```

运行效果如图 3-16 所示。

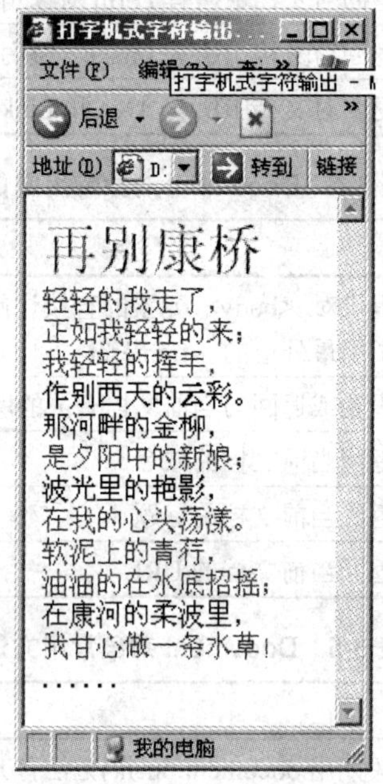

图 3-16　打字机式字符输出效果

2.2　案例二　页面两侧的小广告

很多网站的首页两侧有小广告，比如搜狐网（www.sohu.com）等。本案例就是用 JavaScript 实现在页面中的两侧显示小广告的功能。通过本案例掌握 JavaScript 中 Document 对象的基本特点与用法。

2.2.1　案例资讯

每个载入浏览器的 HTML 文档都会成为 Document 对象。Document 对象使我们可以在脚本中对 HTML 页面中的所有元素进行访问。

Document 对象概述

Document 对象是 Window 对象的一部分，可通过 window.document 属性对其进行访问。HTML Document 接口对 DOM Document 接口进行了扩展，定义了 HTML 专用的属性和方法。

很多属性和方法都是 HTML Collection 对象（实际上是可以用数组或名称索引的只读数组），其中保存了对锚、表单、链接以及其他脚本元素的引用。

Document 对象常用的有对象集合、常用属性和常用方法，如表 3-3～表 3-5 所示。

表 3-3 Document 对象集合

集合	描述
all()	提供对文档中所有 HTML 元素的访问
anchors()	返回对文档中所有 Anchor 对象的引用
applets	返回对文档中所有 Applet 对象的引用
forms()	返回对文档中所有 Form 对象引用
images()	返回对文档中所有 Image 对象引用
links()	返回对文档中所有 Area 和 Link 对象引用

表 3-4 Document 对象常用属性

属性	描述
body	提供对 <body> 元素的直接访问。对于定义了框架集的文档，该属性引用最外层的 <frameset>
cookie	设置或返回与当前文档有关的所有 cookie
domain	返回当前文档的域名
title	返回当前文档的标题
url	返回当前文档的 URL

表 3-5 Document 对象常用方法

方法	描述
close()	关闭用 document.open()方法打开的输出流，并显示选定的数据
getElementById()	返回对拥有指定 id 的第一个对象的引用
getElementsByName()	返回带有指定名称的对象集合
getElementsByTagName()	返回带有指定标签名的对象集合
open()	打开一个流，收集来自任何 document.write()或 document.writeln()方法的输出
write()	向文档写 HTML 表达式或 JavaScript 代码
writeln()	等同于 write()方法，不同的是在每个表达式之后写一个换行符

实例（open()、write()、close()方法运用）：

```
function windowWriter1() {
    var myString = "Hello, world!";
    msgWindow.document.open();
    msgWindow.document.write("<P>" + myString);
    msgWindow.document.close();
}
```

实例（open()、write()、close()方法运用）：

```
function windowWriter2() {
    var myString = "Hello, world!";
    msgWindow.document.open("text/html","replace");
    msgWindow.document.write("<P>" + myString);
    msgWindow.document.write("<P>history.length is " +
       msgWindow.history.length);
    msgWindow.document.close();
}
msgWindow=window.open('','',
    'toolbar=yes,scrollbars=yes,width=400,height=300');
windowWriter2();
```

2.2.2　案例步骤

页面两侧的小广告

创建 HTML 文件后，可以在里面输入如下参考代码：

```
<!DOCTYPE HTML PUBLIC "-//W3C//DTD HTML 4.01 Transitional//EN"
"http://www.w3.org/TR/html4/loose.dtd">
<html>
<head>
    <meta http-equiv="Content-Type" content="text/html;
       charset=gb2312">
    <title>页面两侧的小广告</title>
</head>
<body>
<script type="text/JavaScript">
 /*
 *设置两侧广告从相应的高度出现与可视性等属性
 */
function SetAdvertise() {
    //距离页面上部的位置
    document.all.AdLayer1.style.posTop = -200;
    //设置广告 AdLayer1 的可视性
    document.all.AdLayer1.style.visibility = 'visible'
    //距离页面上部的位置
    document.all.AdLayer2.style.posTop = -200;
    //设置广告 AdLayer2 的可视性
    document.all.AdLayer2.style.visibility = 'visible'
    //设置左边广告距离右边框的距离和距离上边的高度
    MoveLeftLayer('AdLayer1');
    //设置右边广告距离左边框的距离和距离上边的高度
    MoveRightLayer('AdLayer2');
}
/*
```

```
*设置左边广告距离右边框的距离和距离上边的高度
*/
function MoveLeftLayer(layerName) {
    //左侧广告距离右边的距离
    var x = 5;
    //左侧广告距离页首的高度
    var y = 100;
    //重新计算左侧广告距离页首高度所用的中间参数
    var diff = (document.body.scrollTop +
        y - document.all.AdLayer1.style.posTop)*.40;
    //重新计算左侧广告距离页首的高度
    var y = document.body.scrollTop + y - diff;
    //设置左侧广告距离页首的高度
    eval("document.all." + layerName +
        ".style.posTop = parseInt(y)");
    //设置左侧广告距离左边的距离
    eval("document.all." + layerName + ".style.posLeft = x");
    //设置每隔 20 毫秒调用一次该方法 MoveLeftLayer('AdLayer1')
    setTimeout("MoveLeftLayer('AdLayer1');", 20);
}
/*
*设置右边广告距离左边框的距离和距离上边的高度
*/
function MoveRightLayer(layerName) {
    //右侧广告距离右边的距离
    var x = 5;
    //右侧广告距离页首的高度
    var y = 100;
    //重新计算右侧广告距离页首高度所用的中间参数
    var diff = (document.body.scrollTop +
        y - document.all.AdLayer2.style.posTop)*.40;
    //重新计算右侧广告距离页首的高度
    var y = document.body.scrollTop + y - diff;
    //设置右侧广告距离页首的高度
    eval("document.all." + layerName + ".style.posTop = y");
    //设置右侧广告距离右边的距离
    eval("document.all." + layerName + ".style.posRight = x");
    //设置每隔 20 毫秒调用一次该方法 MoveRightLayer('AdLayer2')
    setTimeout("MoveRightLayer('AdLayer2');", 20);
}
//显示两侧广告
document.write("<div id=AdLayer1 style='position: absolute;"+
    "visibility:hidden;z-index:1'>"+
    "<a href='http://www.sohu.com' target='_blank'>+"+
    "<img src=images/ad-01.gif border='0'></a></div>"+
```

```
    "<div id=AdLayer2 style='position: absolute;"+
    "visibility:hidden;z-index:1'>"+
    "<a href='http://www.sohu.com' target='_blank'>"+
    "<img src=images/ad-01.gif border='0'></a></div>");
//设置两侧广告的属性
SetAdvertise()
</script>
</body>
</html>
```

运行效果如图 3-17 所示。

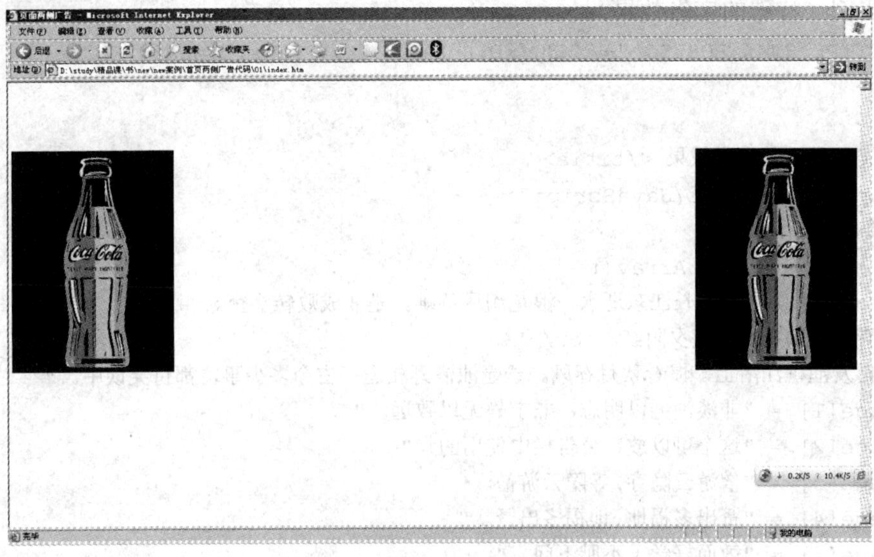

图 3-17 页面两侧的小广告效果

2.3 案例三 记忆测试

本案例实现的是一个小游戏：翻开两个图片，如果匹配，则两张图片翻开；如果不匹配，则两张图片合上。计算最后把所有的图片翻开所需要的时间，图片总共是 18 对。通过本案例掌握 JavaScript 中 Array 对象的基本特点与用法。

2.3.1 案例资讯

Array 对象概述

Array 对象用于在单个的变量中存储多个值。

创建 Array 对象的语法：

```
new Array();
new Array(size);
new Array(element0, element0, ..., elementn);
```

size：期望的数组元素个数。对于返回的数组，length 字段将被设为 size 的值。

element0,...,elementn：参数列表。当使用这些参数来调用构造函数 Array()时，新创建的数组元素就会被初始化为这些值。它的 length 字段也会被设置为参数的个数。

返回值返回新创建并被初始化了的数组。

如果调用构造函数 Array()时，没有使用参数，那么返回的数组为空，length 字段为 0。当调用构造函数时只传递给它一个数字参数时，该构造函数将返回具有指定个数、元素为 undefined 的数组。

当其他参数调用 Array()时，该构造函数将用参数指定的值初始化数组。

当把构造函数作为函数调用、不使用 new 运算符时，它的行为与使用 new 运算符调用它时的行为完全一样。

趣味实例（特殊的广告效果）：

```
<!DOCTYPE HTML PUBLIC "-//W3C//DTD HTML 4.0 Transitional//EN">
<html>
<head>
<title> 特殊的广告效果 </title>
<script type="text/JavaScript">
//需要显示的广告信息
var message = new Array()
message[0] = "滚滚长江东逝水，浪花淘尽英雄。是非成败转头空。"+
    "青山依旧在，几度夕阳红。<br/>"+
    "白发渔樵江渚上，惯看秋月春风。一壶浊酒喜相逢。古今多少事，都付笑谈中。"
message[1] = "非淡泊无以明志，非宁静无以致远。"
message[2] = "这个可以放在公告栏中使用的！"
message[3] = "僧游云隐寺,寺隐云游僧。"
message[4] = "贤出多福地,地福多出贤。"
message[5] = "敏而好学，不耻下问。"
message[6] = "学而不思则罔，思而不学则殆。"
message[7] = "老骥伏枥，志在千里；烈士暮年，壮心不已。"
//背景颜色
var bagcolor = new Array()
bagcolor[0] = "#CCCCCC"
bagcolor[1] = "#FFFF66"
bagcolor[2] = "#CCFFFF"
bagcolor[3] = "#AAEEFF"
bagcolor[4] = "#CCFF88"
bagcolor[5] = "#FF9933"
bagcolor[6] = "#99AAFF"
bagcolor[7] = "#6699FF"
/*
*取得一个小于或等于 R 的随机非负整数
*/
function Ran(R){
    return Math.floor((R+1)*Math.random())
}
```

```
/*
*随机显示颜色及语句
*/
function play_rt(){
    //设置 IE 滤镜
    rt1.style.filter="revealTrans(Duration=1.5,Transition="
        + Ran(22) + ")";
    //执行 RevealTrans 滤镜的播放
    rt1.filters.revealTrans.apply();
    //从 8 个背景颜色中随机取得一个颜色
    rt1.style.background=bagcolor[Ran(7)];
    //从 7 条广告信息数组中随机取得一条信息
    rt1.innerHTML=message[Ran(6)];
    //显示该信息
    rt1.filters.revealTrans.play();
    //每隔 3000 毫秒调用一次方法 play_rt()
    timer = setTimeout("play_rt()",3000)
}
</script>
</head>
<body bgcolor="#ffffff" onload="play_rt()">
<table width="358" border="1" height="70">
<tr align="center">
<td id="rt1" height="82"></td>
</tr>
</table>
</body>
</html>
```

运行效果如图 3-18 所示。

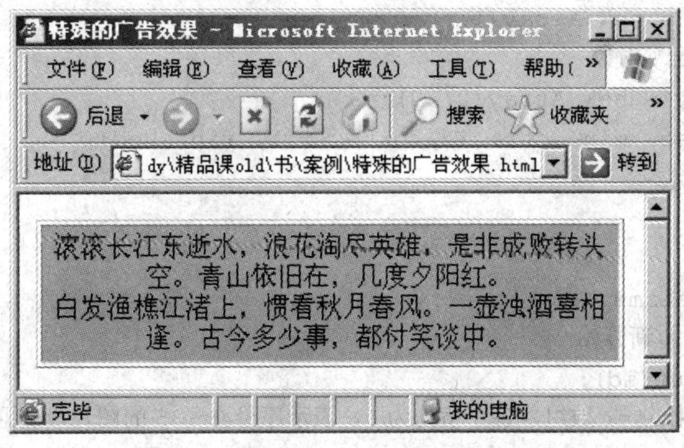

图 3-18 广告效果

此处涉及到 Math 对象的两个方法：floor()和 random()，分别表示取对数进行下舍入和取随机数。关于 Math 对象，后面有详细介绍。

2.3.2 案例步骤

记忆测试游戏

创建 HTML 文件后，可以在里面输入如下参考代码：

```
<body>
<head>
<title>记忆测试游戏</title>
<style>
    .30pt{font-size:30pt;color: blue;font-family:文鼎行楷碑体}
    .20pt{font-size:20pt;color: blue;font-family:方正魏碑繁体}
</style>
 <script type="text/javascript">
 <!--
//存放要显示的图片的 Array 对象
var pics = new Array();
//实例化 Array 对象中的 19 个图片对象与资源信息
for (i = 0; i <= 18; i++) {
    //实例化一个图片对象
    pics[i] = new Image();
    //修改图片对象的资源信息
    pics[i].src = 'image' + i + '.gif';
}
//用以标识图片的名称所对应的数组
var map=new Array(1, 1, 2, 2, 3, 3, 4, 4, 5, 5, 6, 6, 7, 7,
    8, 8, 9, 9, 10, 10, 11, 11, 12, 12, 13, 13, 14, 14, 15, 15,
    16, 16, 17, 17, 18, 18);
//定义 user 数组
var user = new Array();
//临时 Array 对象
var temparray = new Array();
//鼠标单击的 Array 对象
var clickarray = new Array(0, 0);
var ticker, sec, min, ctr, id, oktoclick, finished;
/*
*开始游戏
*/
function StartGame() {
    //清除时间，重新开始
    clearTimeout(id);
        //初始化 user 数组，各个值均为 0，表示序号 0～35 的图片没有匹配成功
    for (i = 0; i <= 35 ;i++) {
        user[i] = 0;
    }
        //游戏开始后的总时间（单位为秒）设置为 0 秒
```

```
    ticker = 0;
        //游戏开始后要显示的秒数设置为 0 秒
    min = 0;
        //游戏开始后要显示的秒分钟设置为 0 分钟
    sec = 0;
        //匹配的标示
    ctr = 0;
        //表示当前还没有呆匹配的图片
    oktoclick = true;
        //完成的图片对数，初始化为 0
    finished = 0;
        //“开始”按钮显示的值，刚开始时为空值
    document.frmGame.btnRestart.value = "";
        //重新洗牌，把图片的位置随机换一下位置
    Scramble();
        //游戏开始计时
    RunClock();
        //循环显示图片，初始化为默认图片
    for (i = 0; i <= 35; i++) {
      document.frmGame[('img'+i)].src = "image0.gif";
    }
}
/*
*显示游戏已经进行的时间
*/
function RunClock() {
    //比 ticker/60 小的最大值，即为开始之后的总分钟数
    min = Math.floor(ticker/60);
        //为开始之后时间的总秒数
    sec = (ticker-(min*60))+'';
        //如果时间的秒数为个位数，则补位
    if(sec.length == 1) {
          sec = "0"+sec
    }
        //总时间标识增加，即总秒数增加一秒
    ticker++;
        //按钮的显示刷新一次，重新显示开始之后的总的新时间
    document.frmGame.btnRestart.value = min+":"+sec;
        //设置每隔 1000 毫秒(即 1 秒钟的时间间隔)调用一次该方法
    id = setTimeout('RunClock()', 1000);
}
/*
*把对应的图片重新洗牌，随机换一下位置，把数组 map 的数字重新洗牌五遍
*/
function Scramble() {
```

```
    //把数组 map 存取的数字重新洗牌五遍
    for (z = 0; z < 5; z++) {
        //循环显示 6 行 6 列的图片
        for (x = 0; x <= 35; x++) {
            //产生一个随机数，存放于数组中序号为 0 的位置
            temparray[0] = Math.floor(Math.random()*36);
            //数组序号为 1 的位置存放数组 map 中序号为 temparray[0]的数
            temparray[1] = map[temparray[0]];
            //数组序号为 2 的位置存放数组 map 的第 x 位置的数
            temparray[2] = map[x];
            //数组 map 的第 x 位置存放 temparray[1]
            map[x] = temparray[1];
            //数组 map 的第 temparray[0]位置存放 temparray[2]
            map[temparray[0]] = temparray[2];
        }
    }
}
/*
*显示该图片
*/
function ShowImage(but) {
    //如果 oktoclick 标识为 true
    //即表示当前还没有待匹配的图片或者有一张待匹配的图片
    if (oktoclick) {
        //显示该图片
        document.frmGame[('img'+but)].src =
            'image'+map[but]+'.gif';
        //表示当前图片是第一张待匹配的图片
        if (ctr == 0) {
            //要进行匹配的标示
            oktoclick = true;
            //待匹配标示 ctr 增加 1
            ctr++;
            //图片对应的序号赋值给 clickarray[0]
            clickarray[0] = but;
        //当前有两张图片待匹配，即当前图片要匹配之前的图片
        } else {
            //表示有两张图片将要进行匹配了，将该 oktoclick 标识设置为 false
            oktoclick = false;
            //图片对应的序号赋值给 clickarray[1]
            clickarray[1] = but;
            //待匹配标示 ctr 重新设置为 0
            ctr = 0;
            //设置重新调用 CheckImages()方法的时间为 600 毫秒
            setTimeout('CheckImages()', 600);
```

```
        }
         }
}
/*
*判断单击翻开的图片是否匹配，如果刚翻开的两张图片相同，则标示为已经匹配成功
*如果只翻开了一张图片，则等待下一张待翻开的图片以进行匹配判断
*如果翻开的两张图片不匹配，则这两张图片重新合上，等待以后翻开图片匹配
*/
function CheckImages() {
   //如果数组中存放的两个图片相同，并且 user 数组序号为 clickarray[0]的
   //位置的值设置为 0，即表示此处未被匹配
    if((clickarray[0]==clickarray[1])&&
       (user[clickarray[0]]== 0)){
           //该位置的图片显示为白板图片
       document.frmGame[('img'+clickarray[0])].src =
          "image0.gif";
           //要进行匹配的标示重新赋值为 true
       oktoclick = true;
    } else {
           //如果存取的数组 map 中的序号为 clickarray[0]的值与数组 map 中的
           //序号为 clickarray[1]的值不相同的话
       if (map[clickarray[0]] != map[clickarray[1]]) {
          //数组 user 中的序号为 clickarray[0]的值为 0
          //即该图片并没有匹配成功，则该处的图片显示为白板
               if (user[clickarray[0]] == 0) {
            document.frmGame[('img'+clickarray[0])].src =
               "image0.gif";
          }
               //数组 user 中的序号为 clickarray[1]的值为 0
               //即该图片并没有匹配成功，则该处的图片显示为白板
          if (user[clickarray[1]] == 0) {
            document.frmGame[('img'+clickarray[1])].src =
               "image0.gif";
          }
       }
           //如果存取的数组 map 中的序号为 clickarray[0]的值与数组 map 中的
           //序号为 clickarray[1]的值相同
       if (map[clickarray[0]] == map[clickarray[1]]){
             //user 数组序号为 clickarray[0]的位置的值设置为 0
             //表示为此处未被匹配
          if(user[clickarray[0]]==0&&user[clickarray[1]]== 0){
                //完成匹配的图片对数
                finished++;
             }
             //user 数组序号为 clickarray[0]的位置的值设置为 1
```

```
              //即表示为此处已经匹配完成
        user[clickarray[0]] = 1;
        //user 数组序号为 clickarray[1]的位置的值设置为 1
        //即表示为此处已经匹配完成
              user[clickarray[1]] = 1;
    }
        //如果所用图片匹配完成
    if (finished >= 18) {
        alert('Game over!所用的时间为: '
          +document.frmGame.btnRestart.value+' !');
    //开始游戏
          StartGame();
    } else {
        oktoclick = true;
          }
     }
}
-->
</script>
</head>
<body OnLoad="StartGame()">
<center>
<h2>记忆力测试</h2>
<form name="frmGame">
<table cellpadding="0" cellspacing="0" border="0">
    <script type="text/javascript">
        <!--
        //循环显示图片信息,循环标示这个表格中间的 0~5 行
        for (r = 0; r <= 5; r++) {
            document.write('<tr>');
              //循环显示本行中的 0~5 位置的图片
            for (c = 0; c <= 5; c++) {
                document.write('<td align="center">');
                  //设置图片相应的单击事件、资源信息等
                document.write('<a href="javascript:ShowImage('+((6*r)+c)
                  +')" onClick="document.frmGame.btnRestart.focus()">');
                  //设置背景图片
                document.write('<img src="image0.gif" name="img'+
                  ((6*r)+c)+'" border="0">');
                document.write('</a></td>');
            }
            document.write('</tr>');
        }
        -->
    </script>
```

```
</table>
<br><br>
<input type="button" value="     "
   name="btnRestart" onClick="StartGame()">
</form>
</center>
<p><center>
    <font class=30pt>规则:<br></font>
    <table class=20pt>
       <tr><td>
       1. 36 张图分为 18 对。每一个回合翻开两张图。
       </tr><tr><td>
       2. 如果两张图相同，则不在被覆盖。否则图被按钮覆盖，但位置不变。
       </tr><tr><td>
       3. 在最短的时间里将所有的图翻开来。时间越短，当然记忆力就越强。
       </tr><tr><td>
       4. 每次重新开始,图的位置随机变换。
       </tr><tr><td>
       5. 单击空白按钮开始计时。
       </tr>
    </table>
</center><p>
</body>
</html>
```

游戏刚开始时运行的效果如图 3-19 所示。

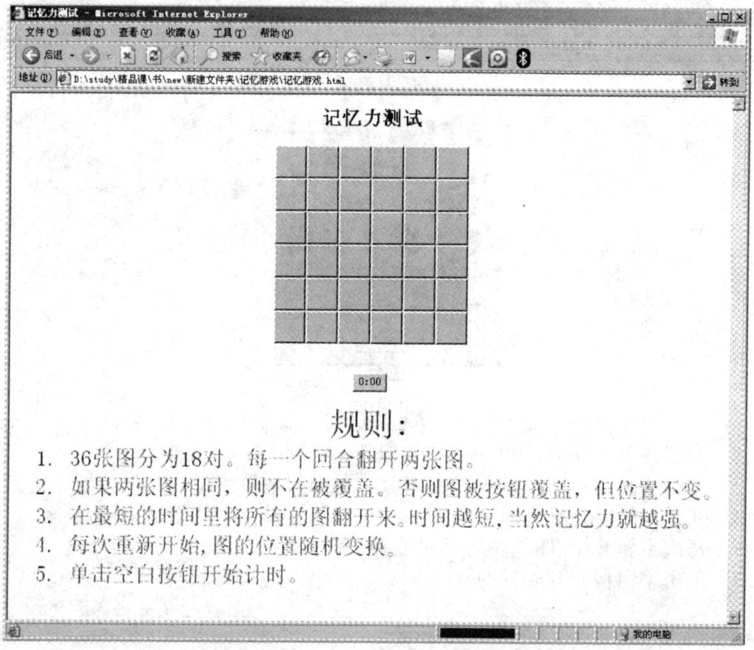

图 3-19　游戏开始时的效果

游戏运行中的效果如图 3-20 所示（此时刚好有一对图片相匹配）。

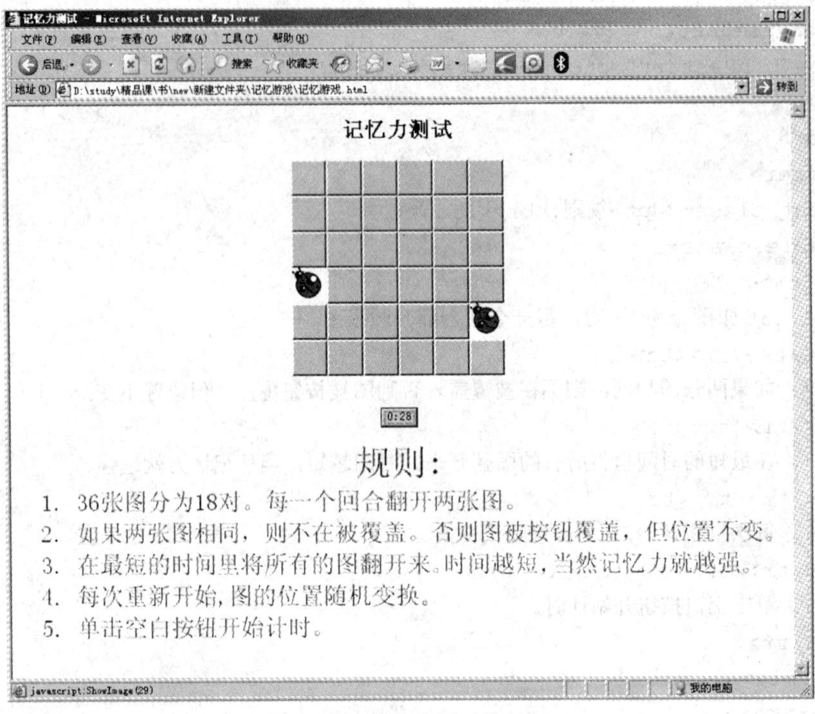

图 3-20　游戏进行时的效果

游戏结束时的显示结果如图 3-21 所示。

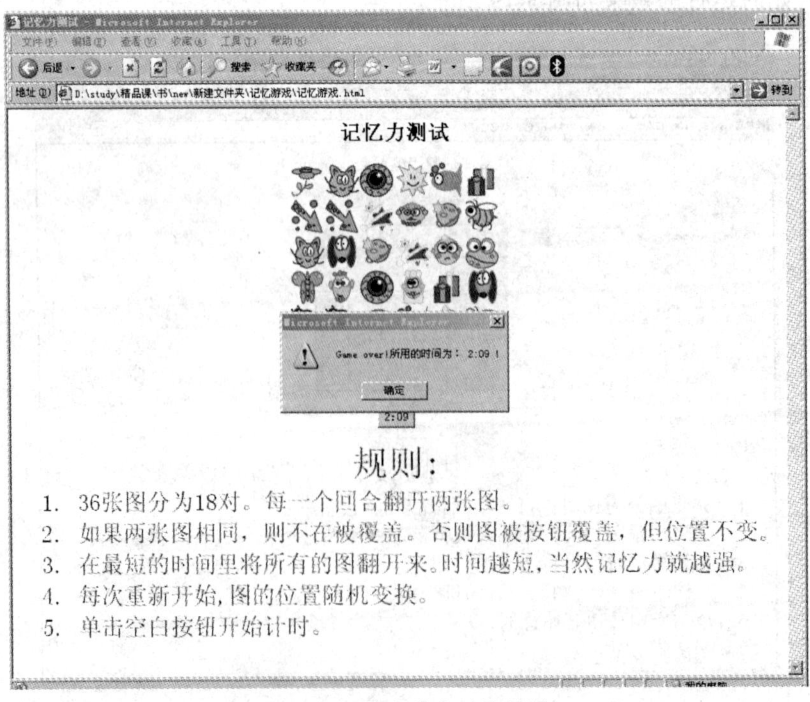

图 3-21　游戏结束时的效果

2.4 案例四 很酷的日历

本案例实现的是一个日历，在页面上显示一个日历，其内容包括日期（年月日）、星期（星期一～星期日）、时间（时分秒）。通过本案例掌握 JavaScript 中 Date 对象的基本特点与用法。

2.4.1 案例资讯

Date 对象概述

Date 对象用于处理日期和时间。创建 Date 对象的语法：

```
var myDate=new Date()
```

说明：Date 对象会自动把当前日期和时间保存为其初始值。

（1）定义日期。

可以通过 new 关键词来定义 Date 对象。以下代码定义了名为 myDate 的 Date 对象：

```
var myDate=new Date()
```

（2）操作日期。

通过使用针对日期对象的方法，可以很容易地对日期进行操作。

在下面的例子中，我们为日期对象设置了一个特定的日期（2008 年 8 月 9 日）：

```
var myDate=new Date()
myDate.setFullYear(2008,7,9)
```

注意：表示月份的参数介于 0 ~ 11 之间。也就是说，如果希望把月设置为 8 月，则参数应该是 7。

在下面的例子中，我们将日期对象设置为 5 天后的日期：

```
var myDate=new Date()
myDate.setDate(myDate.getDate()+5)
```

注意：如果增加天数会改变月份或者年份，那么日期对象会自动完成这种转换。

（3）比较日期。

日期对象也可用于比较两个日期。

下面的代码将当前日期与 2008 年 8 月 9 日作了比较：

```
var myDate=new Date();
myDate.setFullYear(2008,7,9);
var today = new Date();
if (myDate>today){
   alert("Today is before 9th August 2008");
}else{
   alert("Today is after 9th August 2008");
}
```

Date 对象包括一些常用的属性和方法，如表 3-6 和表 3-7 所示。

表 3-6 Date 对象常用属性

属性	描述
constructor	返回对创建此对象的 Date 函数的引用

表 3-7 Date 对象常用方法

方法	描述
date()	返回当日的日期和时间
getDate()	从 Date 对象返回一个月中的某一天（1～31）
getDay()	从 Date 对象返回一周中的某一天（0～6）
getMonth()	从 Date 对象返回月份（0～11）
getFullYear()	从 Date 对象以四位数字返回年份
getYear()	使用 getFullYear()方法代替
getHours()	返回 Date 对象的小时（0～23）
getMinutes()	返回 Date 对象的分钟（0～59）
getSeconds()	返回 Date 对象的秒数（0～59）
getMilliseconds()	返回 Date 对象的毫秒（0～999）
getTime()	返回 1970 年 1 月 1 日至今的毫秒数
setDate()	设置 Date 对象中月的某一天（1～31）
setMonth()	设置 Date 对象中的月份（0～11）
setFullYear()	设置 Date 对象中的年份（四位数字）
setYear()	使用 setFullYear()方法代替
setHours()	设置 Date 对象中的小时（0～23）
setMinutes()	设置 Date 对象中的分钟（0～59）
setSeconds()	设置 Date 对象中的秒钟（0～59）
setMilliseconds()	设置 Date 对象中的毫秒（0～999）
setTime()	以毫秒设置 Date 对象
toString()	把 Date 对象转换为字符串
toTimeString()	把 Date 对象的时间部分转换为字符串
toDateString()	把 Date 对象的日期部分转换为字符串
toGMTString()	使用 toUTCString()方法代替
toUTCString()	根据世界时间格式，把 Date 对象转换为字符串
toLocaleString()	根据本地时间格式，把 Date 对象转换为字符串

趣味实例（简单月历显示）：

显示一个月历表，表头显示信息为 Sun、Mon、Tue、Wed、Thu、Fri、Sat，表中显示相应的日期信息，同时将当天的日期标示出来。

参考代码如下：

```
<!DOCTYPE HTML PUBLIC "-//W3C//DTD HTML 4.0 Transitional//EN">
<html>
<head>
<title>简单月历显示</title>
```

```
<script type="text/javascript">
<!-- Begin
//星期数组
var week = new Array("Sun", "Mon", "Tue", "Wed", "Thu", "Fri", "Sat");
//从一月份到十二月份中每一个月份的总天数
var monthdays = new Array(31, 28, 31, 30, 31, 30, 31, 31, 30,
   31, 30, 31);
//当前时间
var today = new Date();
//当前月份
var month = today.getMonth();
//当前星期
var day = today.getDay();
//当前日
var dayN = today.getDate();
//当前月份的天数
var days = monthdays[month];
//如果是二月份
if (month == 1) {
    //取得当前年份
   var year = today.getYear();
   //如果是闰年
    if (year%4 == 0) days = 29;
}
document.write("<table border='0' "+
   "cellspacing='0' cellpadding='0'>");
document.write("<tr>");

//从星期日到星期六循环显示头部
for (var i=0; i<7; i++) {
    document.write("<td width='30' height='30'>");
    document.write("<div align='center'>" + week[i] + "</div>");
    document.write("</td>");
}
document.write("</tr>");
var jumped = 0;
//显示的日
var inserted = 1;
//本月第一天的星期数
var start = day - dayN%7 + 1;
//如果本月第一天的星期数小于0，则调整一下
if (start < 0) start += 7;
//本月一共的周数
```

```
var weeks = parseInt((start + days)/7);
//如果本月的周数不能整除，则周数加一周
if ((start + days)%7 != 0) weeks++;

//从本月的第一周开始循环显示
for (var i=weeks; i>0; i--) {
   document.write("<tr>");
   //第 i 周显示相关日
   for (var j=7; j>0; j--) {
      document.write("<td>");
      //1 号之前显示为空，或者大于本月的最大日时也为空
      if (jumped<start || inserted>days) {
         document.write("<div align='center'></div>");
         jumped++;
      } else {
         //如果是当天
         if (inserted == dayN) {
            document.write("<div align='center'>[" + inserted +
            "]</div>");
         }else{
            document.write("<div align='center'>" +
            inserted + "</div>");
         }
         inserted++;
      }
      document.write("</td>")
   }
   document.write("</tr>");
}
document.write("</table>");
//End -->
</script>
</head>
<body>
</body>
</html>
```

运行效果如图 3-22 所示。

图 3-22 月历表效果

2.4.2 案例步骤

很酷的日历

创建 HTML 文件后，可以在里面输入如下参考代码：

```
<html>
<style>A.menuitem {
```

```
    COLOR: menutext; TEXT-DECORATION: none
    }
    A.menuitem:hover {
    COLOR: highlighttext; BACKGROUND-COLOR: highlight
    }
    DIV.contextmenu {
      BORDER-RIGHT: 2px outset; BORDER-TOP: 2px outset; Z-INDEX: 999;
      VISIBILITY: hidden; BORDER-LEFT: 2px outset; BORDER-BOTTOM:
      2px outset; POSITION: absolute; BACKGROUND-COLOR: buttonface
    }

</style>
<script type="text/javascript">
//取得当前年月
function Year_Month(){
        //当前时间
        var now = new Date();
        //当前年份
        var yy = now.getYear();
        //当前月份
        var mm = now.getMonth()+1;
        var cl = '<font color="#0000df">';
        if (now.getDay() == 0) cl = '<font color="#c00000">';
        if (now.getDay() == 6) cl = '<font color="#00c000">';
    return(cl +  yy + '年' + mm + '月</font>');
     }
     //取得当前日
     function Date_of_Today(){
     //取得当前时间
        var now = new Date();
        var cl = '<font color="#ff0000">';
        //设定星期日的字体颜色
        if (now.getDay() == 0) cl = '<font color="#c00000">';
        //设定星期六的字体颜色
        if (now.getDay() == 6) cl = '<font color="#00c000">';
        return(cl +  now.getDate() + '</font>');
     }
     //取得当前星期
     function Day_of_Today(){
        //星期数组
        var day = new Array();
        day[0] = "星期日";
        day[1] = "星期一";
```

```
        day[2] = "星期二";
        day[3] = "星期三";
        day[4] = "星期四";
        day[5] = "星期五";
        day[6] = "星期六";
        //当前日期
        var now = new Date();
        var cl = '<font color="#0000df">';
        //设定星期日的字体颜色
        if (now.getDay() == 0) cl = '<font color="#c00000">';
        //设定星期六的字体颜色
        if (now.getDay() == 6) cl = '<font color="#00c000">';
        return(cl +  day[now.getDay()] + '</font>');
    }
//取得当前时分秒
    function CurrentTime(){
        //当前时间
        var now = new Date();
        //当前小时
        var hh = now.getHours();
        //当前分钟
        var mm = now.getMinutes();
        //当前秒
        var ss = now.getTime() % 60000;
        ss = (ss - (ss % 1000)) / 1000;
        //当前时分秒字符串拼接
        var clock = hh+':';
        if (mm < 10) clock += '0';
        clock += mm+':';
        if (ss < 10) clock += '0';
        clock += ss;
        return(clock);
    }
    //刷新显示的日历
    function refreshCalendarClock(){
        document.all.calendarClock1.innerHTML = Year_Month();
        document.all.calendarClock2.innerHTML = Date_of_Today();
        document.all.calendarClock3.innerHTML = Day_of_Today();
        document.all.calendarClock4.innerHTML = CurentTime();
    }

 //日历的格式与内容显示
 document.write('<table border="0" '+
```

```
    'cellpadding="0" cellspacing="0"><tr><td>');
document.write('<table id="CalendarClockFreeCode" '+
    'border="0" cellpadding="0" cellspacing="0" width="60" '+
    'height="70" ');
document.write('style="position:absolute;visibility:hidden" '+
    'bgcolor="#eeeeee">');
document.write('<tr><td align="center"><font ');
document.write('style="cursor:hand;color:#ff0000; '+
    'font-family:宋体;font-size:14pt;line-height:120%" ');
     document.write('</td></tr><tr><td align="center"><font ');
document.write('style="cursor:hand;color:#2000ff; '+
    'font-family:宋体;font-size:9pt;line-height:110%" ');
document.write('</td></tr></table>');
document.write('<table border="0" cellpadding="0" '+
    'cellspacing="0" width="61" bgcolor="#C0C0C0" height="70">');
document.write('<tr><td valign="top" '+
    'width="100%" height="100%">');
document.write('<table border="1" cellpadding="0" '+
    'cellspacing="0" width="58" bgcolor="#FEFEEF" height="67">');
document.write('<tr><td align="center" width="100%" '+
    'height="100%" >');
document.write('<font id="calendarClock1" style="font-family: '+
    '宋体;font-size:7pt;line-height:120%"> </font><br>');
document.write('<font id="calendarClock2" style='+
    '"color:#ff0000;font-family:Arial;font-size:14pt; '+
    'line-height:120%"> </font><br>');
document.write('<font id="calendarClock3" style="font-family: '+
    '宋体;font-size:9pt;line-height:120%"> </font><br>');
document.write('<font id="calendarClock4" style='+
    '"color:#100080;font-family:宋体;font-size:8pt; '+
    'line-height:120%"><b> </b></font>');
document.write('</td></tr></table>');
document.write('</td></tr></table>');
document.write('</td></tr></table>');
//设定 1 秒钟的时间间隔调用一次 refreshCalendarClock()函数
setInterval('refreshCalendarClock()',1000);
</script>
<body>
</body>
</html>
```

运行效果如图 3-23 所示。

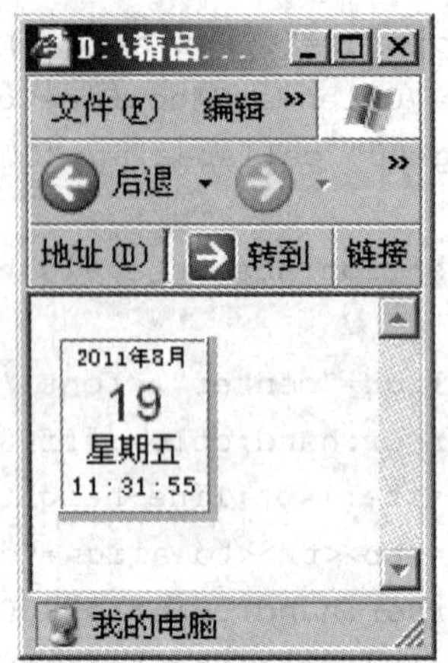

图 3-23 日历效果

2.5 案例五 产生随机数

本案例实现的是产生随机数，根据选择的数 n（产生几个随机数）和产生随机数的范围 m（输入的数位 m 为正整数，范围为 0～m），单击按钮会产生 n 个范围为 0～m 的正整数，且这 n 个数不相同。如果选择的数 n 大于输入的数 m，则会提示操作错误信息。通过本案例掌握 JavaScript 中 Math 对象的基本特点与用法。

2.5.1 案例资讯

Math 对象概述

使用 Math 的属性和方法的语法：

```
var pi_value=Math.PI;
var sqrt_value=Math.sqrt(15);
```

说明：Math 对象并不像 Date 和 String 那样是对象的类，因此没有构造函数 Math()。像 Math.sin()这样的函数只是函数，不是某个对象的方法。无须创建，通过把 Math 作为对象使用就可以调用其所有属性和方法。

函数（方法）实例：

下面的例子使用了 Math 对象的 round 方法对一个数进行四舍五入：

```
document.write(Math.round(4.7))
```

上面的代码输出为：

```
5
```

下面的例子使用了 Math 对象的 random()方法返回一个介于 0～1 之间的随机数：

```
document.write(Math.random())
```

上面的代码输出为：

```
0.9370844220218102
```

下面的例子使用了 Math 对象的 floor()方法和 random()方法返回一个介于 0～10 之间的随机数：

```
document.write(Math.floor(Math.random()*11))
```

上面的代码输出为：

3

Math 对象用于执行数学任务，其常用的属性和方法如表 3-8 和表 3-9 所示。

表 3-8　Math 对象常用属性

属性	描述
E	返回算术常量 e，即自然对数的底数（约等于 2.718）
PI	返回圆周率（约等于 3.14159）

表 3-9　Math 对象常用方法

方法	描述
abs(x)	返回数的绝对值
acos(x)	返回数的反余弦值
asin(x)	返回数的反正弦值
atan(x)	以介于-PI/2 与 PI/2 弧度之间的数值来返回 x 的反正切值
atan2(y,x)	返回从 x 轴到点(x,y)的角度（介于-PI/2 与 PI/2 弧度之间）
ceil(x)	对数进行上舍入
cos(x)	返回数的余弦
exp(x)	返回 e 的指数
floor(x)	对数进行下舍入
log(x)	返回数的自然对数（底为 e）
max(x,y)	返回 x 和 y 中的最高值
min(x,y)	返回 x 和 y 中的最低值
pow(x,y)	返回 x 的 y 次幂
random()	返回 0～1 之间的随机数
round(x)	将数四舍五入为最接近的整数
sin(x)	返回数的正弦
sqrt(x)	返回数的平方根
tan(x)	返回角的正切

趣味实例（文字胡乱跳动）：

本案例实现的是几个文字根据一定的条件动态显示字体的样式，显示的结果类似于波浪，不断进行刷新。

本案例的参考代码如下：

```
<!DOCTYPE HTML PUBLIC "-//W3C//DTD HTML 4.0 Transitional//EN">
<html>
<head>
```

```
    <title>文字胡乱跳动</title>
<script type="text/javascript">
    //设定下一个字的字体
    function nextSize(i,incMethod,textLength){
      if (incMethod == 1){
        return (72*Math.abs( Math.sin(i/(textLength/3.14))) );
      }
          if (incMethod == 2){
        return (255*Math.abs( Math.cos(i/(textLength/3.14))));
      }
    }
    //设定字的字体样式
    function sizeCycle(text,method,dis){
          output = "";
          //依次设定各个字的字体样式
          for (i = 0; i < text.length; i++){
              size = parseInt(nextSize(i +dis,method,text.length));
              output += "<font style='font-size: "+ size +"pt'>"
            +text.substring(i,i+1)+ "</font>";
          }
          theDiv.innerHTML = output;
    }
    //设定第 n 个字的样式
    function doWave(n) {
       //要显示的文字
          theText = "哈哈镜，乐哈哈！";
          //调用方法，设定各个文字的显示格式
          sizeCycle(theText,1,n);
          //到最后一个字后，重新从第一个字开始
          if (n > theText.length) {n=0}
          //设定 50 毫秒的间隔时间重新调用该方法
          setTimeout("doWave(" + (n+1) + ")", 50);
    }
 </script>
 </head>
 <body bgcolor="#0fffff" onload=doWave(0);>
    <div ID="theDiv" align="center">
    </div>
 </body>
 </html>
```

运行效果如图 3-24 所示。

图 3-24　文字胡乱跳动效果

2.5.2　案例步骤

产生随机数

创建 HTML 文件后，可以在里面输入如下参考代码：

```
<!DOCTYPE HTML PUBLIC "-//W3C//DTD HTML 4.0 Transitional//EN">
<html>
<head>
<title>产生随机数</title>
<script type="text/javascript">
<!-- Begin
    function generateNum() {
        //取得产生随机数个数的控件
        var nummenu = document.frm.optCount;
        //取得产生随机数的个数
        var optCount = nummenu.options[nummenu.selectedIndex].value*1;
        //产生随机数的最大值
        var txtMaxbers = document.frm.txtMax.value*1;
        //如果产生随机数的个数大于随机数的最大值
        if (optCount > txtMaxbers) {
      alert("所产生随机数的个数要小于产生数字范围，请重新输入!");
        }else {
            var ok = 1;
            r = new Array (optCount);
            //产生随机数
            for (var i = 1; i <= optCount; i++) {
                r[i] = Math.round(Math.random() * (txtMaxbers-1))+1;
            }
            //判断产生的随机数是否已经存在
            for (var i = optCount; i >= 1; i--) {
                for (var j = optCount; j >= 1; j--) {
                    //如果随机数不存在
                    if ((i != j) && (r[i] == r[j])) ok = 0;
                }
```

```
            }
        //如果成功产生随机数
            if (ok) {
                var output = "";
                for (var k = 1; k <= optCount; k++) {
                    output += "Number " + k + " = " + r[k] + "\n";
                }
                document.frm.results.value = output;
            }//否则重新生成随机数
            else generateNum();
        }
    }
//  End -->
</script>
</head>
<body>
    <form name="frm">
    <table width=100% border=0>
        <tr>
            <td align=center>产生数字个数
                <select name="optCount">
                    <option value="1">1
                    <option value="2">2
                    <option value="3">3
                    <option value="4">4
                    <option value="5">5
                    <option value="6" selected>6
                    <option value="7">7
                    <option value="8">8
                    <option value="9">9
                    <option value="10">10
                </select>
        <br>产生数字范围
        <input type="text" name="txtMax" value="49"
            size=3 maxlength=3><br>
        <input type=button value="产生随机数"
            onClick="generateNum()">
        <p>
                <textarea name="results" rows=12 cols=15></textarea>
        </td>
    </tr>
     </table>
 </form>
 </body>
 </html>
```

运行效果如图 3-25 所示。

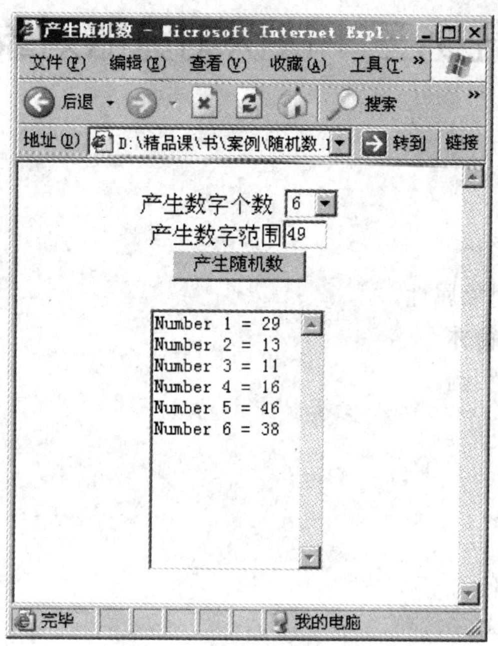

图 3-25　产生随机效果

任务三　认识浏览器对象

- 显示 Navigator 对象属性。
- 子窗体返值到母窗体。
- Screen 综合应用实例。
- 隐藏菜单。

案例资讯

- Navigator 对象概述。
- Window 对象概述。
- Screen 对象概述。
- Location 对象概述。

每个 HTML 文档被装入浏览器中时，浏览器就创建了一系列分级的对象体系，此体系反映了 HTML 文档的属性。

在每一个 HTML 页中含有以下对象：

Navigator：含有正在使用的 Navigator 的名称、版本属性、客户端支持的 MIME 类型属性、客户端安装的插件类型。

Window：最高等级的对象，拥有整个窗口的属性；在每一个 Frame 中的子窗口也有相应的 Window 对象。

Document：包含基于文档内容的属性，如 title、backgroundcolor、links 和 form 等。

Location：含有基于当前的 URL 属性。

3.1　案例一　显示 Navigator 对象属性

本案例实现的是显示所用浏览器的 Navigator 对象属性，查看浏览器的特性，包括：代码、名称、版本、语言、编译平台和用户表头。通过本案例掌握 JavaScript 中 Navigator 对象的基本特点与用法。

3.1.1　案例资讯

Navigator 对象概述

Navigator 对象是由 JavaScript runtime engine 自动创建的，包含有关客户机浏览器的信息。

Navigator 对象是一个 JavaScript 对象。Navigator 对象是 Window 对象的一个属性，可通过 window.navigator 属性来访问。如果要引用当前窗口的 Navigator 对象，可以省略 window，只写作 navigator。

该对象包含两个子对象：插件 plugin 对象和 MIME 类型对象。

（1）Navigator 对象常用属性。

Navigator 对象常用属性如表 3-10 所示。

表 3-10　Navigator 对象常用属性

Navigator 对象属性	Navigator 对象描述
appCodeName	获取浏览器的代码名称
appMinorVersion	获取应用程序的次版本值
appName	获取浏览器的名称
appVersion	获取浏览器运行的平台和版本
browserLanguage	获取浏览器的当前语言
cookieEnabled	获取客户端的永久 cookie 是否在浏览器中启用永久 cookies 是储存在客户端计算机上的
platform	获取用户的操作系统名称
systemLanguage	获取操作系统适用的默认语言
userAgent	获取等同于 HTTP 用户代理请求头的字符串
userLanguage	获取操作系统的自然语言设置

（2）Navigator 对象常用方法。

Navigator 对象常用方法如表 3-11 所示。

表 3-11　Navigator 对象常用方法

Navigator 方法	Navigator 方法描述
javaEnabled()	指定浏览器是否允许启用 java

（3）Navigator plugins[]对象常用属性。

Navigator plugins[]对象常用属性如表 3-12 所示。

表 3-12　Navigator plugins[]对象常用属性

Plugins 对象属性	Plugins 对象属性描述
navigator.plugins[i].description	Plugin 插件模块的描述
navigator.plugins[i].filename	Plugin 插件模块的文件名
navigator.plugins[i].length	Plugin 插件模块的个数
navigator.plugins[i].name	Plugin 插件模块的名称

实例（显示 Navigator plugins 对象属性）：

```
document.writeln("<TABLE BORDER=1><TR VALIGN=TOP>",
    "<TH ALIGN=left>i",
```

```
        "<TH ALIGN=left>名称",
        "<TH ALIGN=left>文件名",
        "<TH ALIGN=left>描述",
        "<TH ALIGN=left>类型数</TR>");
    for (i=0; i < navigator.plugins.length; i++) {
        document.writeln("<TR VALIGN=TOP><TD>",i,
        "<TD>",navigator.plugins[i].name,
        "<TD>",navigator.plugins[i].filename,
        "<TD>",navigator.plugins[i].description,
        "<TD>",navigator.plugins[i].length,
        "</TR>");
    }
```

基于 IE 浏览器的运行结果如图 3-26 所示。

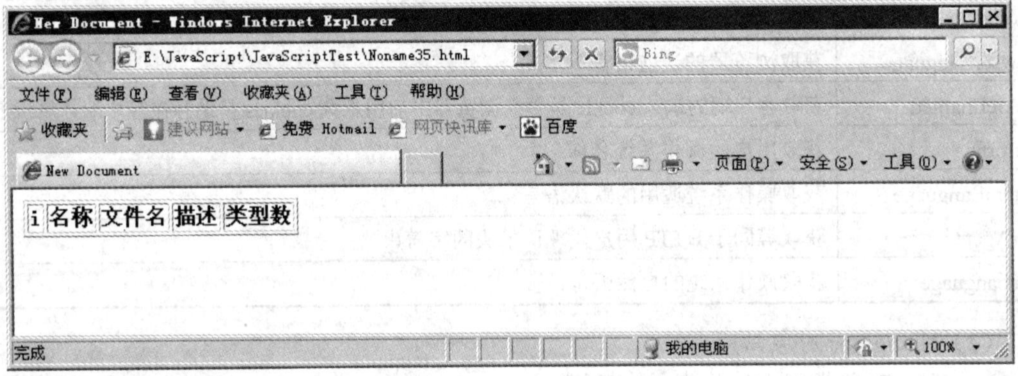

图 3-26　基于 IE 浏览器的效果

基于火狐浏览器的运行结果如图 3-27 所示

i	名称	文件名	描述	类型数
0	npruntime scriptable example plugin	npuuseep.dll	nprt	1
1	Mozilla Default Plug-in	npnul32.dll	Default Plug-in	1
2	Google Earth Plugin	npgeplugin.dll	GEPlugin	1
3	Silverlight Plug-In	npctrl.dll	3.0.40818.0	2
4	QQLive	npQQLive.dll	QQLive	1
5	QQMusic	npQzoneMusic.dll	QQMusic	1
6	Adobe Acrobat	nppdf32.dll	Adobe PDF Plug-In For Firefox and Netscape 10.0.0	7
7	Microsoft® DRM	npdrmv2.dll	DRM Netscape Network Object	1
8	Windows Media Player Plug-in Dynamic Link Library	npdsplay.dll	Npdsplay dll	9
9	Microsoft® DRM	npwmsdrm.dll	DRM Store Netscape Plugin	1

图 3-27　基于火狐游览器的效果

基于 Opera 浏览器的运行结果如图 3-28 所示。

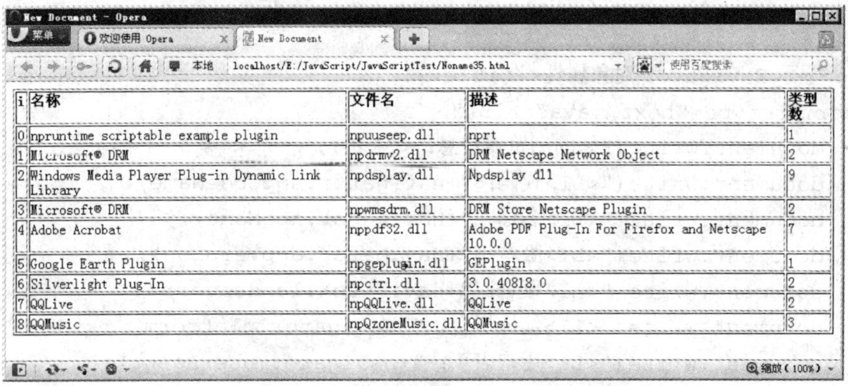

i	名称	文件名	描述	类型数
0	npruntime scriptable example plugin	npuuseep.dll	nprt	1
1	Microsoft® DRM	npdrmv2.dll	DRM Netscape Network Object	2
2	Windows Media Player Plug-in Dynamic Link Library	npdsplay.dll	Npdsplay dll	9
3	Microsoft® DRM	npwmsdrm.dll	DRM Store Netscape Plugin	2
4	Adobe Acrobat	nppdf32.dll	Adobe PDF Plug-In For Firefox and Netscape 10.0.0	7
5	Google Earth Plugin	npgeplugin.dll	GEPlugin	1
6	Silverlight Plug-In	npctrl.dll	3.0.40818.0	2
7	QQLive	npQQLive.dll	QQLive	2
8	QQMusic	npQzoneMusic.dll	QQMusic	3

图 3-28　基于 Opera 游览器的效果

基于谷歌浏览器的运行结果如图 3-29 所示。

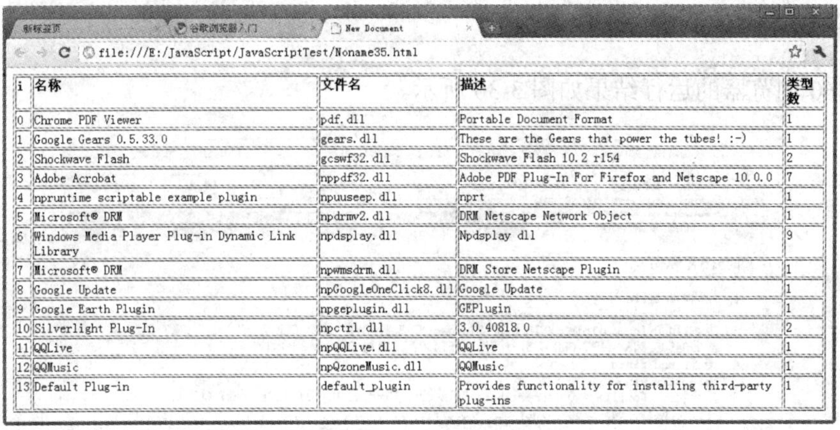

i	名称	文件名	描述	类型数
0	Chrome PDF Viewer	pdf.dll	Portable Document Format	1
1	Google Gears 0.5.33.0	gears.dll	These are the Gears that power the tubes! :-)	1
2	Shockwave Flash	gcswf32.dll	Shockwave Flash 10.2 r154	2
3	Adobe Acrobat	nppdf32.dll	Adobe PDF Plug-In For Firefox and Netscape 10.0.0	7
4	npruntime scriptable example plugin	npuuseep.dll	nprt	1
5	Microsoft® DRM	npdrmv2.dll	DRM Netscape Network Object	1
6	Windows Media Player Plug-in Dynamic Link Library	npdsplay.dll	Npdsplay dll	9
7	Microsoft® DRM	npwmsdrm.dll	DRM Store Netscape Plugin	1
8	Google Update	npGoogleOneClick8.dll	Google Update	1
9	Google Earth Plugin	npgeplugin.dll	GEPlugin	1
10	Silverlight Plug-In	npctrl.dll	3.0.40818.0	2
11	QQLive	npQQLive.dll	QQLive	1
12	QQMusic	npQzoneMusic.dll	QQMusic	1
13	Default Plug-in	default_plugin	Provides functionality for installing third-party plug-ins	1

图 3-29　基于谷歌游览器的效果

（4）Navigator mimeTyp[]对象常用属性。

Navigator mimeTyp[]对象常用属性如表 3-13 所示。

表 3-13　Navigator mimeType[]对象常用属性

mimeType 对象属性	mimeType 对象属性描述
navigator.mimeTypes[i].description	MIME 类型的描述
navigator.mimeTypes[i].enablePlugin.name	对应到哪个 Plugin 插件模块
navigator.mimeTypes[i].length	MIME 类型的数目
navigator.mimeTypes[i].suffixes	MIME 类型的扩宽名
navigator.mimeTypes[i].type	MIME 类型的名称

3.1.2　案例步骤

显示 Navigator 对象属性

创建 HTML 文件后，可以在里面输入如下参考代码：

```
<!DOCTYPE HTML PUBLIC "-//W3C//DTD HTML 4.0 Transitional//EN">
<html>
<head>
<title>显示Navigator对象属性</title>
   <script type="text/javascript">
      document.write("您的浏览器信息：<OL>");
      document.write("<LI>代码："+navigator.appCodeName);
      document.write("<LI>名称："+navigator.appName);
      document.write("<LI>版本："+navigator.appVersion);
      document.write("<LI>语言："+navigator.language);
      document.write("<LI>编译平台："+navigator.platform);
      document.write("<LI>用户表头："+navigator.userAgent);
   </script>
</head>
<body>
</body>
</html>
```

基于 360 浏览器的运行结果如图 3-30 所示。

您的浏览器信息：

1. 代码：Mozilla
2. 名称：Microsoft Internet Explorer
3. 版本：4.0 (compatible; MSIE 6.0; Windows NT 5.1; SV1; .NET CLR 2.0.50727; .NET CLR 3.0.04506.648; .NET CLR 3.5.21022; .NET4.0C; .NET4.0E)
4. 语言：undefined
5. 编译平台：Win32
6. 用户表头：Mozilla/4.0 (compatible; MSIE 6.0; Windows NT 5.1; SV1; .NET CLR 2.0.50727; .NET CLR 3.0.04506.648; .NET CLR 3.5.21022; .NET4.0C; .NET4.0E)

图 3-30　基于 360 浏览器的效果

基于 IE 浏览器的运行结果如图 3-31 所示。

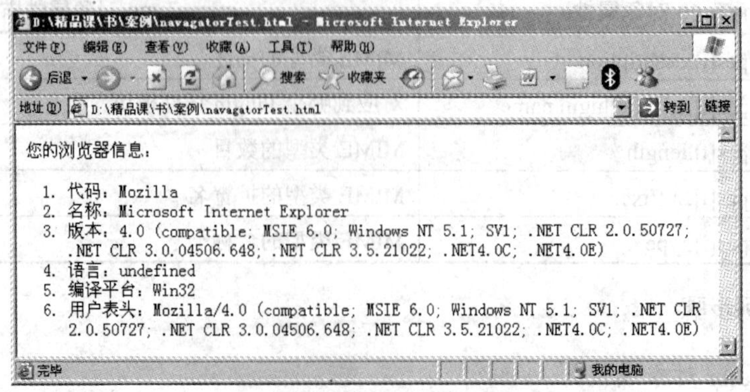

图 3-31　基于 IE 浏览器的效果

基于遨游浏览器的运行结果如图 3-32 所示。

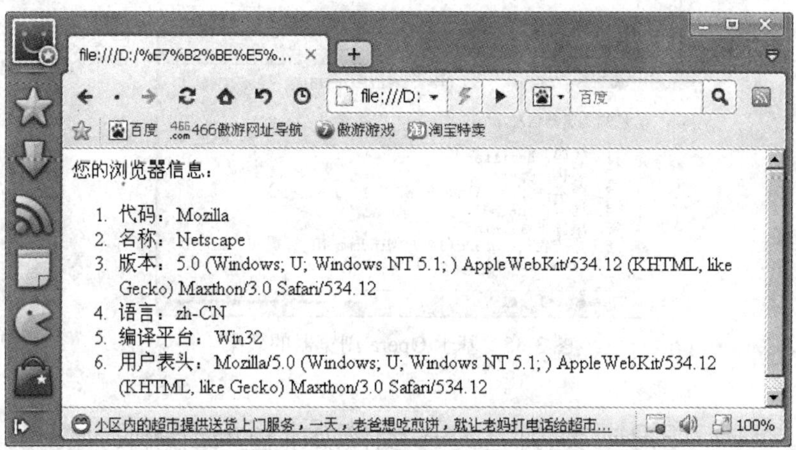

图 3-32　基于遨游浏览器的效果

基于谷歌浏览器的运行结果如图 3-33 所示。

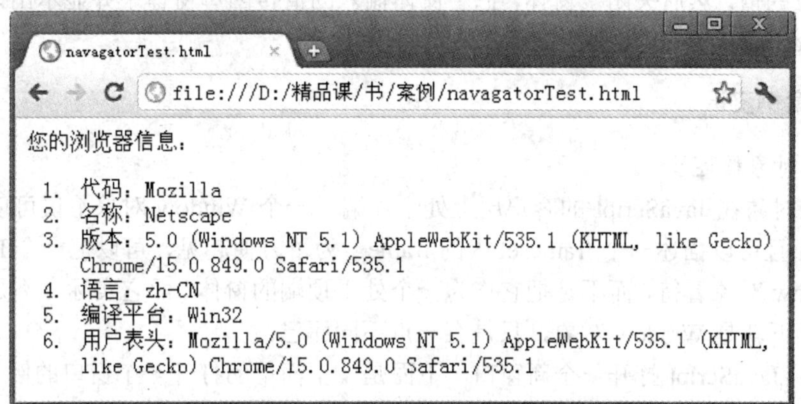

图 3-33　基于谷歌浏览器的效果

基于火狐浏览器的运行结果如图 3-34 所示。

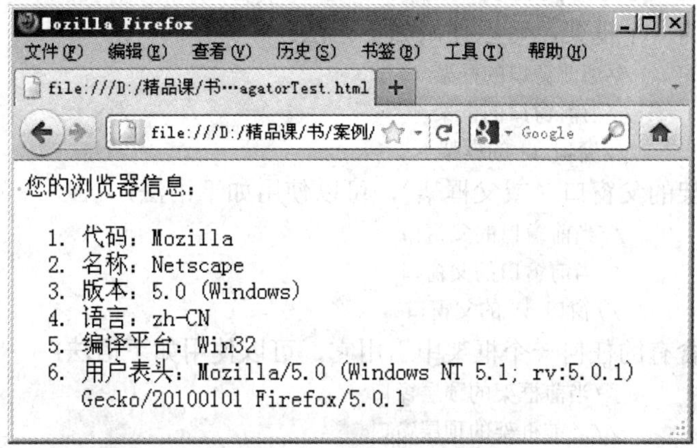

图 3-34　基于火狐浏览器的效果

基于 Opera 浏览器的运行结果如图 3-35 所示。

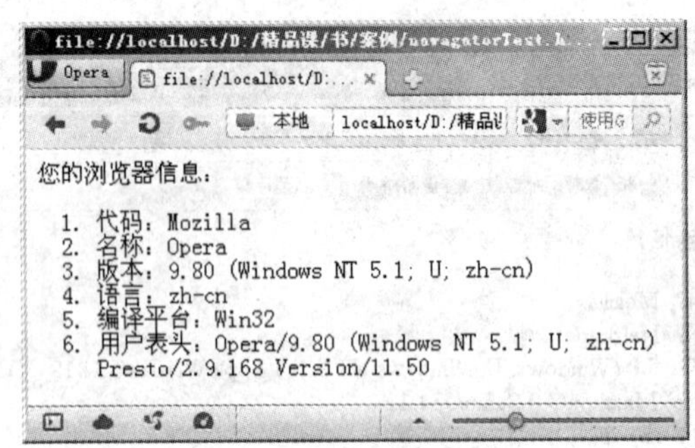

图 3-35　基于 Opera 浏览器的效果

3.2　案例二　子窗体返值到母窗体

本案例实现的是窗体之间传值的功能。首先打开母窗体，单击按钮打开子窗体，在子窗体中输入相应的值；然后关闭子窗体，把子窗体输入的值传回母窗体中并显示出来。通过本案例掌握 JavaScript 中 Window 对象的基本特点与用法。

3.2.1　案例资讯

Window 对象概述

Window 对象在 JavaScript 的客户层上处于顶端，一个 Window 对象不仅可以描述一个顶层的窗体，而且可以描述一个 frameset 内的 frame。为了方便起见，可以把一个 Frame 对象当作一个 Window 对象看待，而不是把它作为一个处于顶端的窗体。而它实际上不是一个单独的 Frame 类；以下就是 Window 对象，只是有一点不同而已：

可以利用 JavaScript 打开一个新窗口，下面是一个简单的打开一个窗口的例子：

```
myWin = open("newPage.html");
```

上面的例子只是打开一个默认状态的窗口，还可以根据它的属性设置窗口，例如：

```
myWin = open("bla.htm", "displayWindow",
"width=400,height=300,status=no,toolbar=no,menubar=no");
```

要引用窗口中的一个框架，可以使用如下语法：

```
frame[i]          //当前窗口的框架
self.frame[i]     //当前窗口的框架
w.frame[i]        //窗口 w 的框架
```

要引用一个框架的父窗口（或父框架），可以使用如下语法：

```
parent            //当前窗口的父窗口
self.parent       //当前窗口的父窗口
w.parent          //窗口 w 的父窗口
```

要从顶层窗口含有的任何一个框架中引用它，可以使用如下语法：

```
top               //当前框架的顶层窗口
self.top          //当前框架的顶层窗口
f.top             //框架 f 的顶层窗口
```

（1）Window 对象常用属性。

Window 对象常用属性如表 3-14 所示。

表 3-14　Window 对象常用属性

属性	描述
closed	返回窗口是否已被关闭
defaultStatus	设置或返回窗口状态栏中的默认文本
document	对 Document 对象的只读引用。请参阅 Document 对象
history	对 History 对象的只读引用。请参阅 History 对象
innerheight	返回窗口的文档显示区的高度
innerwidth	返回窗口的文档显示区的宽度
length	设置或返回窗口中的框架数量
location	用于窗口或框架的 Location 对象。请参阅 Location 对象
name	设置或返回窗口的名称。
navigator	对 Navigator 对象的只读引用。请参阅 Navigator 对象
opener	返回对创建此窗口的窗口的引用
outerheight	返回窗口的外部高度
outerwidth	返回窗口的外部宽度
pageXOffset	设置或返回当前页面相对于窗口显示区左上角的 X 位置
pageYOffset	设置或返回当前页面相对于窗口显示区左上角的 Y 位置
parent	返回父窗口
screen	对 Screen 对象的只读引用。请参阅 Screen 对象
self	返回对当前窗口的引用。等价于 Window 属性
status	设置窗口状态栏的文本
top	返回最顶层的父窗口
window	window 属性等价于 self 属性，它包含了对窗口自身的引用
·screenLeft ·screenTop ·screenX ·screenY	只读整数。声明了窗口的左上角在屏幕上的 X 坐标和 Y 坐标。IE、Safari 和 Opera 支持 screenLeft 和 screenTop，而 Firefox 和 Safari 支持 screenX 和 screenY

（2）Window 对象常用方法。

Window 对象常用方法如表 3-15 所示。

表 3-15　Window 对象常用属性

方法	描述
alert()	显示带有一段消息和一个确认按钮的警告框
blur()	将键盘焦点从顶层窗口移开
clearInterval()	取消由 setInterval()设置的 timeout

续表

方法	描述
clearTimeout()	取消由 setTimeout()方法设置的 timeout
close()	关闭浏览器窗口
confirm()	显示带有一段消息以及确认按钮和取消按钮的对话框
createPopup()	创建一个 pop-up 窗口
focus()	将键盘焦点给予一个窗口
moveBy()	可相对窗口的当前坐标将它移动指定的像素
moveTo()	把窗口的左上角移动到一个指定的坐标
open()	打开一个新的浏览器窗口或查找一个已命名的窗口
print()	打印当前窗口的内容
prompt()	显示可提示用户输入的对话框
resizeBy()	按照指定的像素调整窗口的大小
resizeTo()	把窗口的大小调整到指定的宽度和高度
scrollBy()	按照指定的像素值来滚动内容
scrollTo()	把内容滚动到指定的坐标
setInterval()	按照指定的周期（以毫秒计）来调用函数或计算表达式
setTimeout()	在指定的毫秒数后调用函数或计算表达式

3.2.2 案例步骤

子窗体返值到母窗体

创建 HTML 文件后，可以在里面输入如下参考代码：

（1）母窗体的参考代码如下：

```
<!DOCTYPE HTML PUBLIC "-//W3C//DTD HTML 4.0 Transitional//EN">
<script type="text/javascript">
    <!--
    //打开新窗体
    function OpenWin(){
        //设定子窗体，并设置子窗体的显示样式
        var getv = showModalDialog("returnValue.html", "egwin",
         "dialogWidth:420px;dialogHeight:220px;status:no;help:yes");
       //如果子窗体不为空
        if (getv != null){
           //将返回的值以","分割，取得第一个值赋给控件 txtFirstInfo
            txtFirstInfo.value=getv.split(",")[0];
            //将返回的值以","分割，取得第二个值赋给控件 txtSecondInfo
            txtSecondInfo.value=getv.split(",")[1];
        }
    }
    //-->
```

```
</script>
</head>
<input type="text" name="txtFirstInfo">
<input type="text" name="txtSecondInfo">
<input type="button" name="Submit" value="打开"
  onClick="OpenWin()">
```

（2）子窗体的参考代码如下：

```
<!DOCTYPE HTML PUBLIC "-//W3C//DTD HTML 4.0 Transitional//EN">
<script type="text/javascript">
    <!–
    //返回取得的值并关闭本窗体
    function GetValue(){
       //设定该页面返回字符串
      window.returnValue=txtFirstReturnValue.value+","+
          txtSecondReturnValue.value;
      window.close();
    }
    //-->
    </script>

<input name="TextName" type="text" id="txtFirstReturnValue"
  value="传入母窗体的第一个值">
<input name="aa" type="text" id="txtSecondReturnValue"
  value="传入母窗体的第二个值">
<input type="button" name="Submit" value="关闭"
  onClick="GetValue()">
</p>
</div>
</body>
</html>
```

本案例的母窗体初期运行结果如图 3-36 所示。

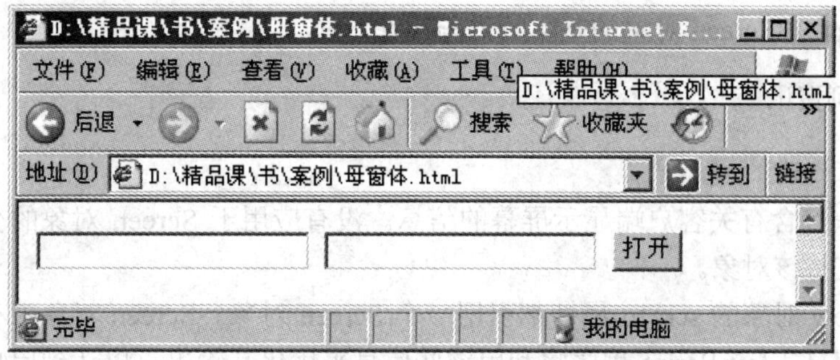

图 3-36 子窗体返回到母窗体的效果

单击“打开”按钮后弹出子窗体，如图 3-37 所示。

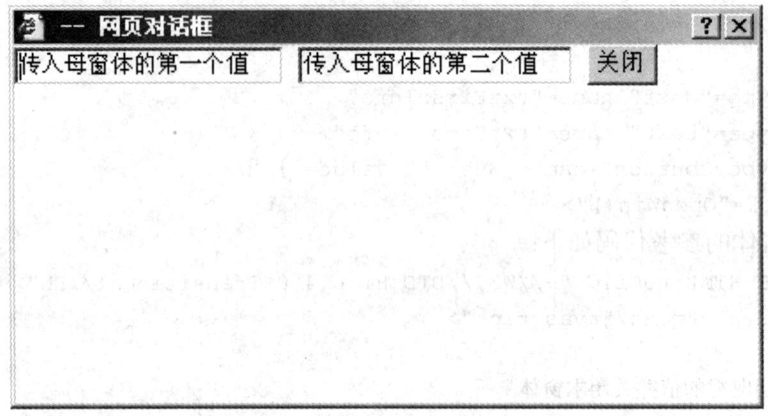

图 3-37　子窗体

在两个输入框中输入值，单击“关闭”按钮后显示母窗体，如图 3-38 所示。

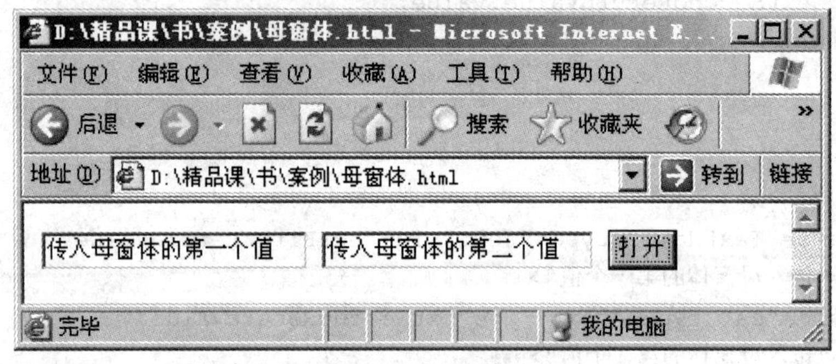

图 3-38　母窗体

3.3　案例三　Screen 综合应用实例

本案例是一个 Screen 综合应用的实例，显示屏幕宽度、屏幕高度、屏幕可用宽度、屏幕可用高度、每英寸水平点数、每英寸垂直点数、每英寸水平方向的常规点数、屏幕的刷新率、调色板的比特深度、缓冲器上调色板的比特深度、是否使用了字体平滑效果等属性。通过本案例掌握 JavaScript 中 Screen 对象的基本特点与用法。

3.3.1　案例资讯

Screen 对象概述

Screen 对象包含有关客户端显示屏幕的信息。没有应用于 Screen 对象的公开标准，不过所有浏览器都支持该对象。

每个 Window 对象的 screen 属性都引用一个 Screen 对象。Screen 对象中存放着有关显示浏览器屏幕的信息。JavaScript 程序将利用这些信息来优化其输出，以达到用户的显示要求。例如，一个程序可以根据显示器的尺寸选择使用大图像还是小图像，它还可以根据显示器的颜色深度选择使用 16 位色还是 8 位色的图形。另外，JavaScript 程序还能根据有关屏幕尺寸的信息将新的浏览器窗口定位在屏幕中间。

Screen 的常见属性如表 3-16 所示。

表 3-16 Screen 的常见属性

属性	描述
availHeight	返回显示屏幕的高度（除 Windows 任务栏之外）
availWidth	返回显示屏幕的宽度（除 Windows 任务栏之外）
bufferDepth	设置或返回调色板的比特深度
colorDepth	返回目标设备或缓冲器上调色板的比特深度
deviceXDPI	返回显示屏幕的每英寸水平点数
deviceYDPI	返回显示屏幕的每英寸垂直点数
height	返回显示屏幕的高度
logicalXDPI	返回显示屏幕每英寸的水平方向的常规点数
logicalYDPI	返回显示屏幕每英寸的垂直方向的常规点数
pixelDepth	返回显示屏幕的颜色分辨率（比特每像素）
updateInterval	设置或返回屏幕的刷新率
width	返回显示器屏幕的宽度

实例（显示器的分辨率）：

```
<!DOCTYPE HTML PUBLIC "-//W3C//DTD HTML 4.0 Transitional//EN">
<html>
<head>
<title> 显示器分辨率 </title>
<script type="text/javascript">
    <!-- Begin
       alert('您的显示器分辨率为:\n' + screen.width + '*' +
          screen.height + ' pixels');
    // End -->
</script>
</head>
<body>
</body>
</html>
```

3.3.2 案例步骤

Screen 综合应用实例

创建 HTML 文件后，可以在里面输入如下参考代码：

```
<html>
<head>
<title> screen 综合应用实例</title>
<script type="text/javascript">
    <!-- Begin
```

```
    document.write("屏幕宽度: " + screen.width + "px<br>");
            document.write("屏幕高度: " + screen.height + "px<br>");
            document.write("屏幕可用宽度: " + screen.availWidth + "px<br>");
            document.write("屏幕可用高度: " + screen.availHeight + "px<br>");
            document.write("每英寸水平点数: " + screen.deviceXDPI + "px<br>");
            document.write("每英寸垂直点数: " + screen.deviceYDPI + "px<br>");
            document.write("每英寸水平方向的常规点数: " +
    screen.logicalXDPI + "px<br>");
            document.write("屏幕的刷新率: " + screen.updateInterval +
    "px<br>");
            document.write("调色板的比特深度为: " + screen.bufferDepth +
    "px<br>");
            document.write("缓冲器上的调色板的的比特深度为: " +
    screen.colorDepth + "px<br>");
        //判断是否使用了字体平滑效果
    if(screen.fontSmoothingEnable == true){
            document.write("使用了字体平滑效果! ");
        }else{
            document.write("没有使用字体平滑效果! ");
        }
    // End -->
</script>
</head>
<body>
</body>
</html>
```

基于 IE 浏览器的运行结果如图 3-39 所示。

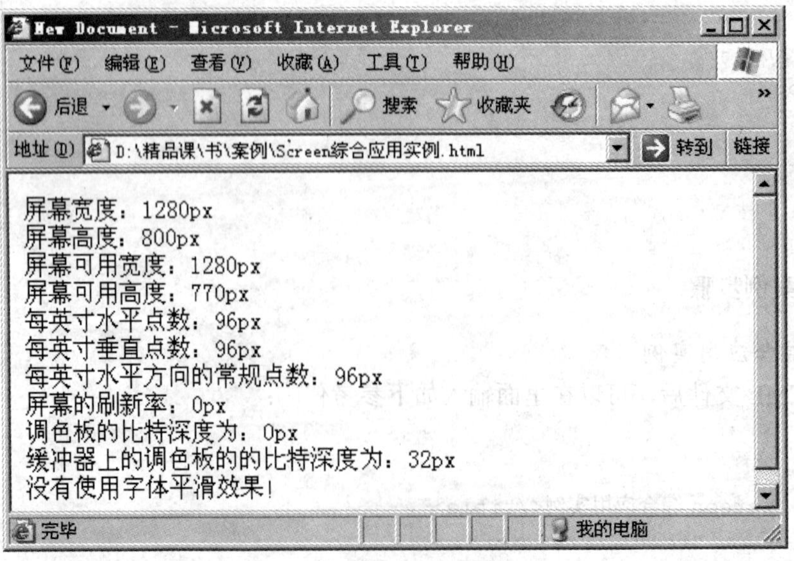

图 3-39 基于 IE 浏览器效果

基于 Google Chrome 浏览器的运行结果如图 3-40 所示。

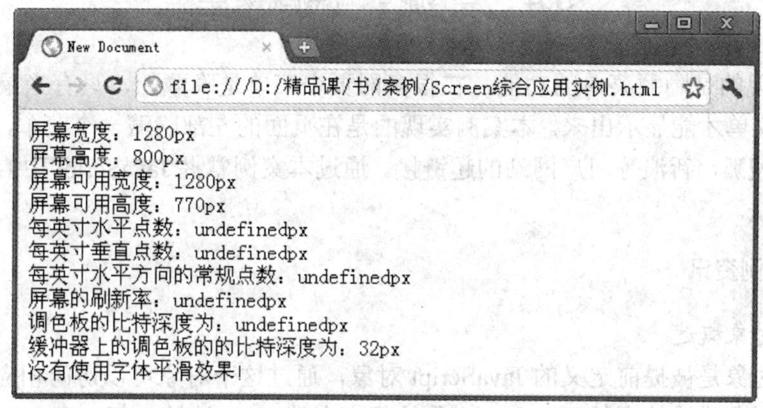

图 3-40　基于 Google Chrome 浏览器效果

基于 Opera 浏览器的运行结果如图 3-41 所示。

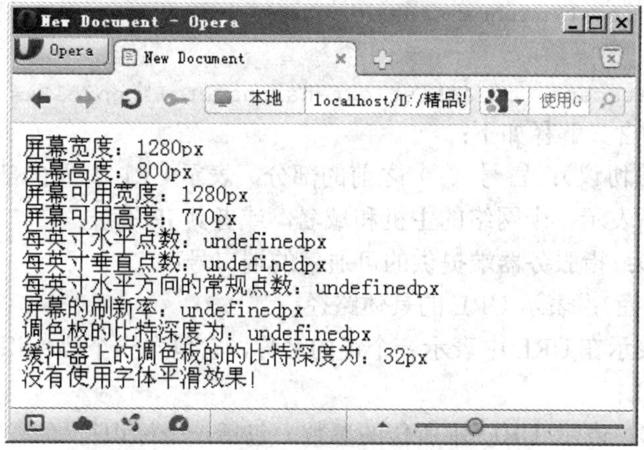

图 3-41　基于 Opera 浏览器效果

基于 Firefox 浏览器的运行结果如图 3-42 所示。

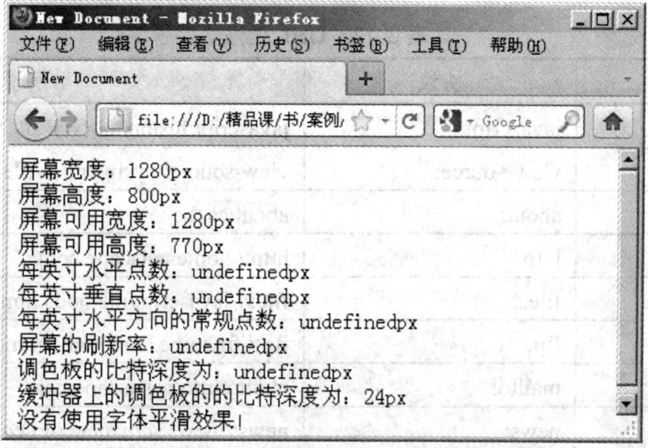

图 3-42　基于 Firefox 浏览器效果

3.4 案例四 隐藏菜单

本案例实现的是隐藏菜单的功能，在很多网页中菜单是隐藏的，只有当鼠标落到相应位置时，隐藏的菜单才能显示出来。本案例实现的是在页面的左部隐藏一个菜单，当鼠标落到左部时会显示出搜狐、新浪等门户网站的超链接。通过本案例掌握 JavaScript 中 Location 对象的基本特点与用法。

3.4.1 案例资讯

Location 对象概述

Location 对象是被提前定义的 JavaScript 对象，通过这个对象可以访问相应的窗口。

Location 对象描述给定的 Window 对象的相应完整 URL 地址。每一个 Location 对象属性代表不同的 URL 实体的一部分。

一般情况下，一个 URL 实体有如下几部分：

```
protocol//host:port/pathname#hash?search
```

例如：

```
http://home.netscape.com/assist/extensions.html#topic1?x=7&y=2
```

这几部分属性的含义解释如下：

①protocol（通信协议）：冒号（:）之前的部分，表示 URL 开始的部分；

②host（主机）：表示一个网络的主机和域名，或者其 IP 地址；

③port（端口号）：指服务器端提供的可通信的端口号；

④pathname（路径）：表示 URL 的具体路径；

⑤hash（锚）：表示在 URL 中表示一个锚的名称，它包含一个锚标识（#）。这个属性仅仅适合 Http 协议的 URL；

⑥search（查找）：表示 URL 中所传的参数，包括一个标识符（？）。这个属性仅仅适合 Http 协议的 URL。每一个 search 均包含一个键值对，每一个键值对均用&分开。

（1）URL 语法。

URL 语法如表 3-17 所示。

表 3-17 URL 语法

URL 类型	协议	例子
JavaScript code	javascript:	javascript:history.go(-1)
Navigator source viewer	view-source:	view-source:wysiwyg://0/file:/c|/temp/genhtml.html
Navigator info	about:	about:cache
World Wide Web	http:	http://home.netscape.com/
File	file:/	file:///javascript/methods.html
FTP	ftp:	ftp://ftp.mine.com/home/mine
MailTo	mailto:	mailto:info@netscape.com
Usenet	news:	news://news.scruznet.com/comp.lang.javascript
Gopher	Gopher:	gopher.myhost.com

（2）属性总结。

属性总结如表 3-18 所示。

表 3-18 属性总结

属性	描述
hash	设置或返回从井号（#）开始的 URL（锚）
hostname	设置或返回主机名和当前 URL 的端口号
href	设置或返回完整的 URL
pathname	设置或返回当前 URL 的路径部分
port	设置或返回当前 URL 的端口号
protocol	设置或返回当前 URL 的协议
search	设置或返回从问号（?）开始的 URL（查询部分）

（3）方法总结。

方法总结如表 3-19 所示。

表 3-19 方法总结

方法	描述
reload	重新加载当前文档
replace	用新的文档替换当前文档

实例（按钮打开全屏窗口）：

参考代码如下：

```
<!DOCTYPE HTML PUBLIC "-//W3C//DTD HTML 4.0 Transitional//EN">
<html>
<head>
<title>按钮打开全屏窗口</title>
   <script type="text/javascript">
       <!--
       //打开新窗体
       function winopen(){
             //新窗口的地址
          var targeturl="http://news.sohu.com"
          newwin=window.open("","","scrollbars")
             //如果是 IE 浏览器
          if (document.all){
                //新窗口的位置设定
             newwin.moveTo(0,0)
                //新窗口的宽度与高度设定
             newwin.resizeTo(screen.width,screen.height)
          }
          //设定新窗口的地址
          newwin.location=targeturl
```

```
        }
        //-->
    </script>
</head>
<body>
<input type="button" onClick="winopen()" value="全屏打开一个新窗口" name="button">
</body>
</html>
```

基于 IE 浏览器的运行结果如图 3-43 所示。

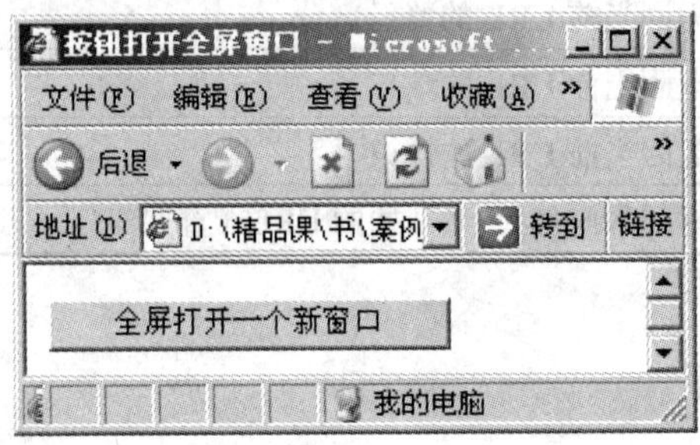

图 3-43　按钮打开全屏窗口的效果

单击“全屏打开一个新窗口”按钮之后的页面如图 3-44 所示。

图 3-44　单击“全屏打开一个新窗口”按钮后的效果

3.4.2　案例步骤

隐藏菜单

创建 HTML 文件后，可以在里面输入如下参考代码：

```
<!DOCTYPE HTML PUBLIC "-//W3C//DTD HTML 4.0 Transitional//EN">
```

```
<html>
<body>
<script type="text/javascript">
    //菜单的位置和是否可视的设定
    function move(x) {
        //如果是 IE 浏览器
        if (document.all) {
          //元素左边界偏移量的整数像素值加上 x
          object1.style.pixelLeft += x;
              //设置 object1 对象为可视
          object1.style.visibility = "visible"
          }
    };
    //设定页面位置
    function makeStatic() {
        //如果是 IE 浏览器
        if (document.all) {
              //顶部的距离为网页被卷去的高加上 20 个像素
              object1.style.pixelTop=document.body.scrollTop+20
          }
    }
</script>
<style>
    <!--
    .hl {
          Background-Color : yellow;
          Cursor:hand;
        }
    .n  {
          Cursor:hand;
        }
    -->
</style>
<LAYER visibility="hide" top="20" name="object1" bgcolor="black"
  left="0" onmouseover="move(132)" onmouseout="move(-132)">

<script type="text/javascript">
    //设定主窗体的位置
    function positionmenu(){
        move(-132)
    }
    //如果是 IE 浏览器
    if (document.all) {
        document.write('<DIV ID="object1" style="visibility:hidden;'+
              'cursor:hand; Position : Absolute ;Left : 0px ;Top : 20px;'+
```

```
                'Z-Index:20"onmouseover="move(132)" '+
                'onmouseout="move(-132)">');
    }
</script>
<table border="0" cellpadding="0" cellspacing="1" width="150"
  bgcolor="#000000">
<tr><td bgcolor="#0099FF"> <font size="4" face="Arial">
  <b>Menu</b></font></td>

<script type="text/javascript">
   document.write('<td align="center" rowspan="100" width="16" '+
          'bgcolor="#FF6666"><span style="font-size:13px">'+
          '<p align="center"><font face="Arial Black">S'+
          '<br>I<br>D<br>E<br>M<br>E<br>N<BR>U</font>'+
          '</p></span></TD>');
</script>
</tr>
<script type="text/javascript"><!--
    //如果是 IE 浏览器
    if (document.all) {
       makeStatic();
    }
    var text=new Array();
    var thelink=new Array();
    //菜单的项目设定
    text[0]="JavaScript 编程";
    text[1]="网易";
    text[2]="新浪";
    text[3]="搜狐";
    text[4]="雅虎";
    text[5]="网易新闻";
    text[6]="新浪新闻";
    text[7]="搜狐新闻";
    //子菜单的超链接设定
    thelink[0]="http://www.javascript.com";
    thelink[1]="http://www.163.com";
    thelink[2]="http://www.sina.com.cn";
    thelink[3]="http://www.sohu.com";
    thelink[4]="http://www.yahoo.com";
    thelink[5]="http://news.163.com";
    thelink[6]="http://news.sina.com.cn";
    thelink[7]="http://news.sohu.com";
    //设置 Navigator 对象
    function navigateie(which){
       window.location=thelink[which]
```

```
    }
    //菜单格式输出
    for (i=0;i<=text.length-1;i++){
        document.write('<TR><TD height=20 bgcolor=white '+
                'onclick="navigateie('+i+')" onmouseover="className'+
                '=\'hl\'" onmouseout="className=\'n\'">'+
                '<FONT SIZE=2 FACE=ARIAL> '+text[i]
                +'</FONT></TD></TR>');
    }
    //-->
</script>
<tr>
    <td bgcolor="#0099FF"><font size="1" face="Arial"> </font></td>
</tr>
</table>
<script type="text/javascript">
    //如果是 IE 浏览器
    if (document.all) {
        document.write('</DIV>')
    }
    //页面加载时调用该方法
    window.onload=positionmenu
</script>
</layer>
</body>
</html>
```

鼠标不在左上角时，如图 3-45 所示；鼠标落在左上角控件上的效果如图 3-46 所示。

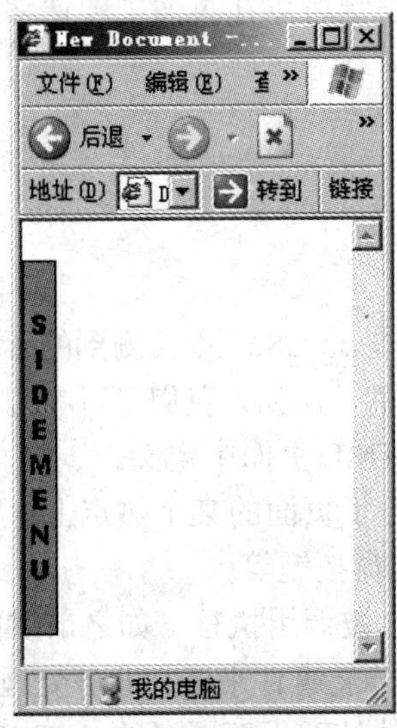

图 3-45 鼠标不在左上角的效果

图 3-46 鼠标落在左上角控件的效果

任务四 认识事件

- 可移动的导航条。
- 验证输入的注册信息是否正确。

- JavaScript 事件。
- JavaScript 表单验证。

JavaScript 使我们有能力创建动态页面。事件是可以被 JavaScript 侦测到的行为。网页中的每个元素都可以产生某些可以触发 JavaScript 函数的事件。JavaScript 也可用来在数据被送往服务器前对 HTML 表单中的这些输入数据进行验证。我们通过这个任务来学习 JavaScript 的事件以及如何利用 JavaScript 进行页面输入数据的验证。

4.1 案例一 可移动的导航条

该案例实现的是一个可以移动的导航条，拖动鼠标左键可以在页面中随便移动。通过本案例可以了解 JavaScript 事件的基本用法。

4.1.1 案例资讯

1．JavaScript 事件概述

事件就是用户或浏览器自身执行的某种动作。

JavaScript 使我们有能力创建动态页面。事件是可以被 JavaScript 侦测到的行为。网页中的每个元素都可以产生某些可以触发 JavaScript 函数的事件。比如，我们可以在用户单击某个按钮时产生一个 onClick 事件来触发某个函数。事件在 HTML 页面中定义。

事件举例：页面或图像的加载、鼠标单击、鼠标悬浮于页面的某个热点上、鼠标离开页面的某个热点上、在表单中输入框的选取、表单确认、键盘按键等。

事件通常与函数配合使用，当事件发生时，函数才会被调用执行，如之前讲的输入的年月日判断和小小计算器，这两个例子就利用了按钮的 onClick 事件来进行业务处理。

某个元素之处的每种时间都可以使用一个与相应事件处理程序同名的 HTML 特性来指定。这个特定值应该是能够执行的 JavaScript 代码。比如，要在按钮被单击时执行一些

JavaScript，例如：

```
<input type="button" value="Click Me" onclick="alert('Clicked')">
```

单击以上按钮时就会弹出一个警告信息框。这个操作是通过指定 onClick 特性并将一些 JavaScript 代码作为其值来定义的。由于这个值是 JavaScript，因此不能在其中使用未经转义的 HTML 语法字符，如和号（&）、双引号（“”）、小于号（<）、大于号（>）。为了避免使用 HTML 实体，这里使用了单引号。如果想要使用双引号，那么就要将代码改写成如下形式：

```
<input type="button"value="Click Me" onclick="alert(&quot;Clicked&quot;)">
```

在 HTML 中定义的事件处理程序可以包含要执行的动作，也可以调用页面中其他地方的脚本，例如：

```
<script type="text/javascript">
  function showMessage(){
     alert("Hellow JavaScript!");
  }
</script>
<input type="button" value="Click Me" onclick="showMessage()">
```

上面的例子就是通过单击按钮调用了 showMessage()函数，通过事件与函数的配合使用可以在函数中进行复杂的业务处理，使程序逻辑清楚、代码清晰。

（1）事件处理。

事件处理是对象化编程的一个很重要的环节，没有了事件处理，程序就会变得很死，缺乏灵活性。事件处理的过程可以这样表示：发生事件－启动事件处理程序－事件处理程序作出反应。其中，要使事件处理程序能够启动，必须先告诉对象如果发生了什么事情，要启动什么处理程序，否则这个流程就不能进行下去。事件的处理程序可以是任意 JavaScript 语句，但是我们一般用特定的自定义函数（function）来处理事情。

指定事件处理程序有以下三种方法：

1）直接在 HTML 标记中指定，这种方法是用得最普遍的，方法：

```
<标记 ... 事件="事件处理程序" [事件="事件处理程序" ...]>
```

例如：

```
<body ... onload="alert('网页读取完成，请慢慢欣赏！')" onunload="alert('再见！')">
```

这样定义的<body>标记能使文档在读取完毕时弹出一个对话框，写着“网页读取完成，请慢慢欣赏!”；在用户退出文档（或者关闭窗口，或者到另一个页面去）时弹出“再见!”。

2）编写特定对象、特定事件的 JavaScript。这种方法用得比较少，但是在某些场合还是很好用的。方法：

```
<script type="text/JavaScript" for="对象" event="事件">
   ...
   (事件处理程序代码)
   ...
</script>
```

例如：

```
<script type="text/JavaScript" for="window" event="onload">
   alert("网页读取完成，请慢慢欣赏！");
</script>
```

3）在 JavaScript 中说明。方法：

<事件主角 - 对象>.<事件> = <事件处理程序>;

用这种方法要注意的是："事件处理程序"是真正的代码，而不是字符串形式的代码。如果事件处理程序是一个自定义函数，如无使用参数的需要，就不要加"()"。例如：

```
...
function ignoreError() {
   return true;
}
...
window.onerror = ignoreError; //注意：这里没有使用"()"
```

这个例子将 ignoreError()函数定义为 Window 对象的 onError 事件处理程序。它的效果是忽略该 Window 对象下的任何错误（由引用不允许访问的 Location 对象产生的"没有权限"错误是不能忽略的）。

（2）onClick 事件。

onClick 事件发生在对象被单击的时候。单击是指鼠标停留在对象上，按下鼠标左键，没有移动鼠标而放开鼠标键这一个完整的过程。

一个普通按钮对象（Button）通常会有 onClick 事件处理程序，因为这种对象根本不能从用户那里得到任何信息，没有 onClick 事件，处理程序就等于没有任何价值。按钮上添加 onClick 事件处理程序可以模拟"另一个提交按钮"，方法是：在事件处理程序中更改表单的 action、target、encoding、method 等一个或几个属性，然后调用表单的 submit()方法。

在 Link 对象的 onClick 事件处理程序中返回 false 值（return false），能阻止浏览器打开此连接。即如果有一个这样的连接：<a href="http://news.sohu.com" onclick="return false">Go!</a>，那么无论用户怎样单击都不会链接到 news.sohu.com 网站，除非用户禁止浏览器运行 JavaScript。

应用于：Button 对象、Checkbox 对象、Image 对象、Link 对象、Radio 对象、Reset 对象、Submit 对象。

实例（通过单击按钮将第一个输入框的内容复制到另一个输入框中）：

在本例中，当按钮被单击时，第一个输入框中的文本会被复制到第二个输入框中。

创建 HTML 文件，输入如下参考代码：

```
<html>
    <body>
        输入框 1: <input type="text" id="fieldTo"
        value="您好，点击按钮复制。">
        <br />
        输入框 2: <input type="text" id="fieldFrom">
        <br /><br />
    点击下面的按钮，把输入框 1 的内容拷贝到输入框 2 中
    <br />
    <button onclick="document.getElementById('fieldFrom').value=
      document.getElementById('fieldTo').value">复制内容</button>
    </body>
</html>
```

在输入框 1 中输入内容："输入框 1 输入的内容"，单击"复制内容"按钮之后的运行结果如图 3-47 所示。

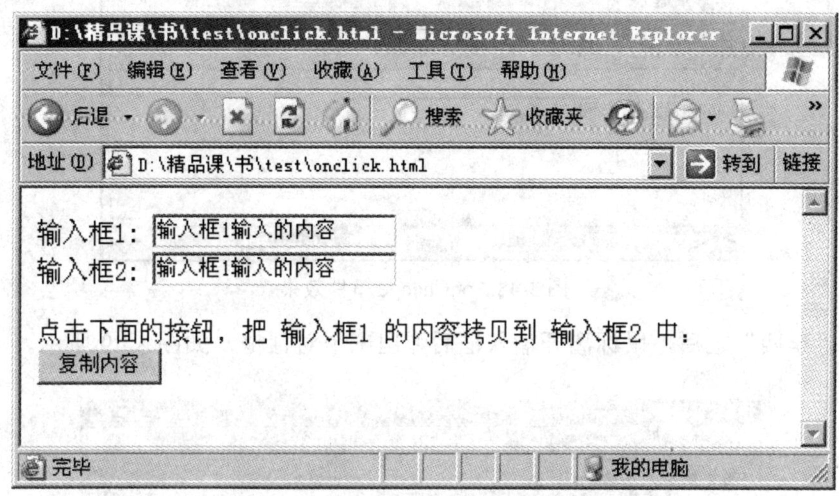

图 3-47　单击"复制内容"按钮后的效果

（3）onChange 事件。

onChange 事件发生在文本输入区的内容被更改，焦点从文本输入区移走之后，捕捉此事件主要用于实时检测输入的有效性，或者立刻改变文档内容。

应用于：Password 对象、Select 对象、Text 对象、Textarea 对象。

实例（判断输入框里的内容是否改变）：

```
<html>
<head>
    <script type="text/JavaScript">
        /*
        *姓名修改之后，调用该方法
        */
        function onchangeTest(){
            alert("您对您的姓名做了修改，新的姓名为：" +
            document.getElementById("TextName").value);
        }
    </script>
</head>
<body>
    您的姓名：<input type="text" id="TextName"
        name="name" onchange="onchangeTest()" value="张三"/>
</body>
</html>
```

上面的例子中，当 text 里的值发生改变、焦点离开 text 时，调用 onChangeTest()方法；当值没有发生改变时，不调用该方法，如图 3-48 所示。

图 3-48 onChange 事件效果

在输入“李四”之后，鼠标离开输入框后弹出一个对话框，如图 3-49 所示。

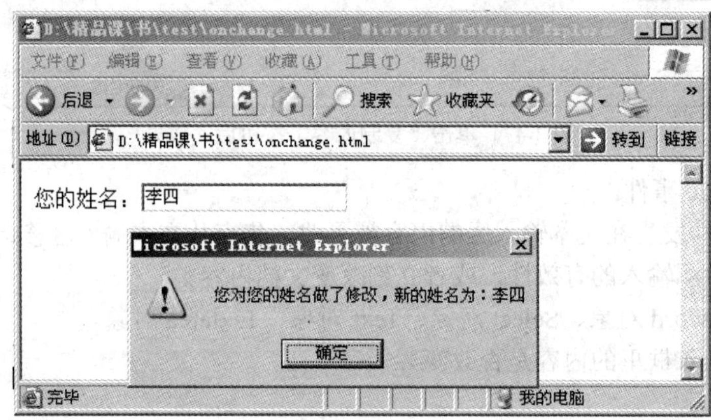

图 3-49 弹出对话框

（4）onSelect 事件。

onSelect 事件会在文本框中的文本内容被选中时发生。

（5）onFocus 事件。

发生在窗口得到焦点的时候。这个方法在程序开发中应用广泛，比如中国建设银行个人网上银行在登录个人的账户之后要求用户输入账户的密码，焦点落到了输入框之后会激发这个 onFocus 事件，这时会调用一个漂浮在页面上的小输入键盘，要求用户输入密码。

应用于：Window 对象。

（6）onBlur 事件。

发生在窗口失去焦点的时候。

应用于：Window 对象。

下面举一个例子：使两个 textbox 控件，在焦点落到其上时，控件背景颜色显示为黄色，离开时变回原来的白色。这种方法在很多网站都得到应用，使焦点落到的控件更加醒目，利用 onFocus 事件、onBlur 事件的处理来实现。

趣味实例（输入框中的默认值随着焦点是否落入而变化）：

当焦点落在输入框以外时，输入框里面显示的内容为“这是默认的内容”；当焦点落在输入框内时，输入框里显示为空。

创建 HTML 文件，输入如下参考代码：

```
<!DOCTYPE HTML PUBLIC "-//W3C//DTD HTML 4.0 Transitional//EN">
<html>
<body>
   <INPUT TYPE="TEXT" size="18" value="这是默认的内容"
      onfocus="if (value =='这是默认的内容'){value =''}"
      onblur="if (value ==''){value='这是默认的内容'}">
 </body>
</html>
```

趣味实例（当焦点落到该控件时调用该方法，使控件背景颜色变为黄色）：

创建 HTML 文件，输入如下参考代码：

```
<html>
<head>
   <script type="text/javascript">
      /*
      *当焦点落到该控件时调用该方法，使控件的背景颜色变为黄色
      */
      function setBackground(x){
         document.getElementById(x).style.background="yellow";
      }
      /*
      *当焦点离开控件时调用该方法，使控件的背景颜色变回原来的白色
      */
      function removeBackground(x){
         document.getElementById(x).style.background="white";
      }
   </script>
</head>
<body>
   用户名：
   <input type="text" id="userName" onfocus="setBackground(this.id)"
      onBlur="removeBackground(this.id)"/>
   <br />
   家庭住址：
   <input type="text" id="userAddress" onfocus=
      "setBackground(this.id)" onBlur="removeBackground(this.id)"/>
</body>
</html>
```

当焦点没有落到两个输入框时，显示结果如图 3-50 所示；当焦点落入其中一个对话框时，相应的 Textbox 背景颜色显示为淡黄色，显示结果如图 3-51 所示。

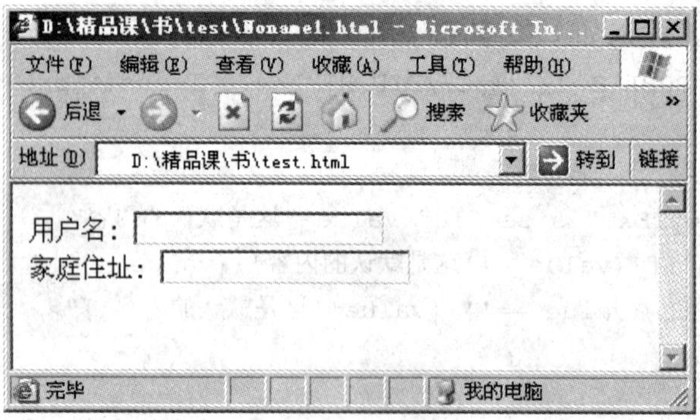

图 3-50　焦点落到两个输入框的效果

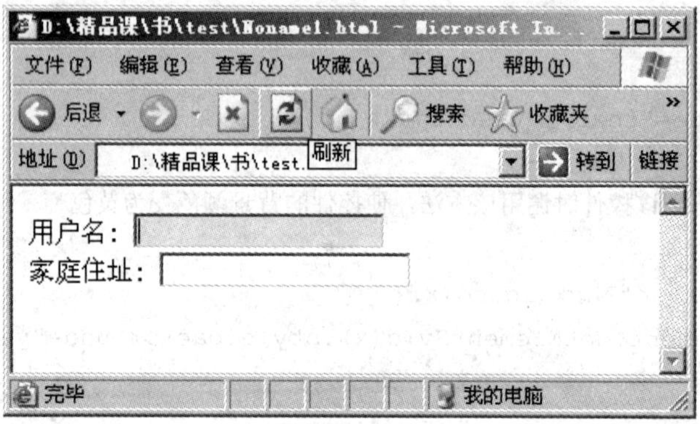

图 3-51　焦点落到一个输入框的效果

（7）onLoad 事件。

发生在文档全部下载完毕的时候。全部下载完毕意味着不仅 HTML 文件，而且包含的图片、插件、控件、小程序等全部内容都下载完毕。本事件是 Window 的事件。但在 HTML 中指定事件处理程序的时候，我们是把它写在<body>标记中的。

应用于：Window 对象。

（8）onUnLoad 事件。

发生在用户退出文档（关闭窗口或者到另一个页面去）的时候。与 onLoad 一样，要写在 HTML 中就写到<body>标记里。

有时有的网站在关闭本画面的时候，弹出一些强迫性质的画面，比如广告页面或者其他恶意的画面，误导用户，给用户带来麻烦。

应用于：Window 对象。

下面的例子实现的是页面加载时背景颜色是黄色，页面退出时弹出一个提示对话框，代码如下：

```
<html>
    <body onload="document.bgColor='yellow';"
        onunload="alert('退出该页面!')">
    </body>
</html>
```

这个例子的 onLoad 事件和 onUnLoad 事件比较简单，在这里就不做介绍了。如果这两个事件比较复杂，则需要单独写一个方法以便调用。

（9）onMouseOver 事件

发生在鼠标进入对象范围的时候。这个事件和 onMouseOut 事件再加上图片的预读，就可以做到当鼠标移到图像连接上时，图像的效果就更改。有时我们看到在指向一个连接时，状态栏上不显示地址，而显示其他的资料，看起来这些资料是可以随时更改的。它们是这样做出来的：

```
<a href="..." onmouseover="window.status='Click Me Please!';
   return true;" onmouseout="window.status=''; return true;">
```

应用于：Link 对象。

（10）onMouseOut 事件。

发生在鼠标离开对象的时候。参考 onMouseOver 事件。

应用于：Link 对象。

趣味实例（鼠标是否落在图片上显示不同图片）：

本案例实现的是在一个页面中有一张图片，当鼠标落在该图片位置的时候，则显示一张图片；当鼠标离开该位置的时候，则显示另外的图片。

创建 HTML 文件，输入如下参考代码：

```
<html>
<head>
   <script type="text/javascript">
      /*
      *当鼠标离开图片的时候，调用该方法
      */
      function mouseOver(){
         document.getElementById('news').src ="mouseOver.jpg"
      }
      /*
      *当鼠标落在图片上的时候，调用该方法
      */
      function mouseOut(){
         document.getElementById('news').src ="mouseOut.jpg"
      }
   </script>
</head>
<body>
   <a href="http://news.sohu.com" onmouseover="mouseOver()"
      onmouseout="mouseOut()">
      <img alt="鼠标进入图片" src="mouseOut.jpg" id="news" />
   </a>
</body>
</html>
```

当鼠标没有落在图片上时，显示结果如图 3-52 所示。

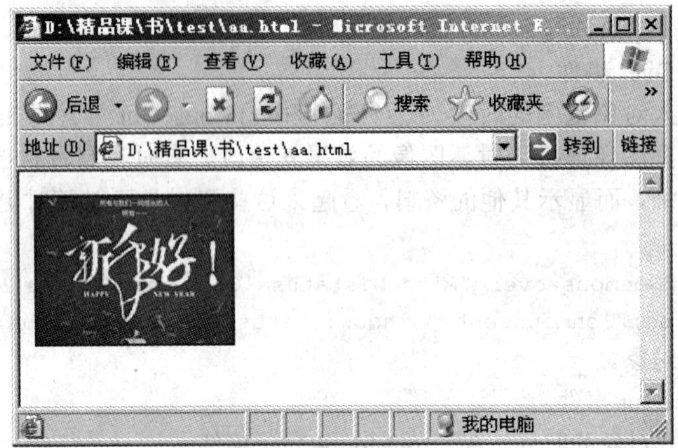

图 3-52　鼠标没落在图片上的效果

当鼠标落在图片上时，显示结果如图 3-53 所示。

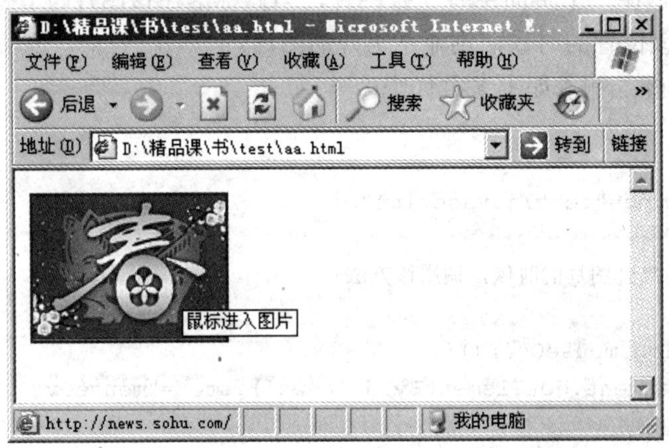

图 3-53　鼠标落在图片上的效果

趣味实例（立体导航条）：

本例实现的是页面中的一个导航条，鼠标移动到相应的菜单选项时，其呈现出立体的效果；当鼠标移开时，立体效果消失。

创建 HTML 文件，输入如下参考代码：

```
<!DOCTYPE HTML PUBLIC "-//W3C//DTD HTML 4.0 Transitional//EN">
<html>
<head>
<title> 立体导航条 </title>
<style>
    .menulines{
    border:2.5px solid #F0F0F0;
    }
    .menulines a{
    text-decoration:none;
    color:black;
```

```
    }
</style>

<script type="text/javascript">
    //鼠标事件定义
    function over_effect(e,state){
        //如果是 IE 浏览器
        if (document.all){
                //获得触发事件的那个元素
            source4=event.srcElement
        }else if (document.getElementById){
                //获得触发事件的那个节点
            source4=e.target
        }
        //如果控件的样式为 menulines
        if (source4.className=="menulines"){
                //设定元素的类型
            source4.style.borderStyle=state
        }else{
            while(source4.tagName!="TABLE"){
                source4=document.getElementById? source4.parentNode :
                    source4.parentElement
                    //如果控件的样式为 menulines
                if (source4.className=="menulines"){
                    //设定元素的类型
                    source4.style.borderStyle=state
                }
            }
        }
    }

</script>
</head>
<body>
<table border="0" width="100" cellspacing="0" cellpadding="0"
    onMouseover="over_effect(event,'outset')"
    onMouseout="over_effect(event,'solid')"
    onMousedown="over_effect(event,'inset')"
    onMouseup="over_effect(event,'outset')"
    style="background-color:#F0F0F0">

    <tr><td width="100%" bgcolor="#E6E6E6">
        <font face="Arial" size="3"><b>菜单</b></font></td></tr>

    <tr><td width="100%" class="menulines">
```

```
        <font face="Arial" size="2">
            <a href="http://www.163.com">网易</a></font></td></tr>

    <tr><td width="100%" class="menulines">
        <font face="Arial" size="2">
        <a href="http://www.sohu.com">搜狐</a> </font></td></tr>

    <tr><td width="100%" class="menulines">
        <font face="Arial" size="2">
        <a href="http://www.sina.com.cn">新浪网</a> </font></td></tr>

    <tr><td width="100%" class="menulines">
        <font face="Arial" size="2">
        <a href="http://www.qq.com">腾讯</a></font></td></tr>

    <tr><td width="100%" class="menulines">
        <font face="Arial" size="2">
        <a href="http://www.taobao.com">淘宝</a> </font></td></tr>
</table>
</body>
</html>
```

基于 IE 浏览器的运行结果如图 3-54 所示。

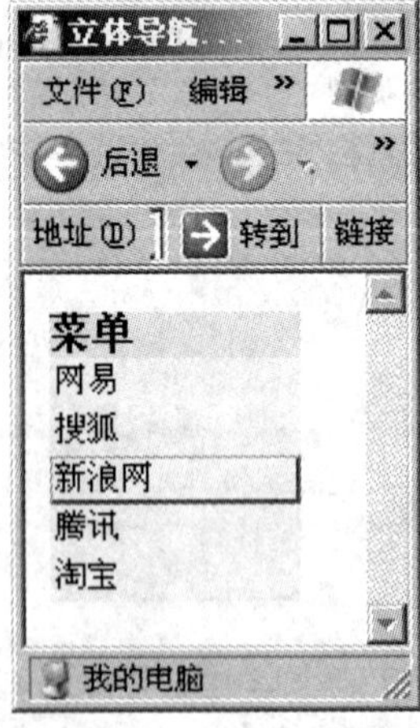

图 3-54 立体导航条效果

（11）常用 JavaScript 事件介绍。

1）一般事件。

onClick：鼠标单击时触发此事件；

onDblClick：鼠标双击时触发此事件；

onMouseDown：按下鼠标时触发此事件；

onMouseUp：鼠标按下后松开鼠标时触发此事件；

onMouseOver：当鼠标移动到某对象范围的上方时触发此事件；

onMouseMove：鼠标移动时触发此事件；

onMouseOut：当鼠标离开某对象范围时触发此事件；

onKeyPress：当键盘上的某个键被按下并且释放时触发此事件；

onKeyDown：当键盘上某个按键被按下时触发此事件；

onKeyUp：当键盘上某个按键被放开时触发此事件。

2）页面相关事件。

onAbort：图片在下载时被用户中断；

onBeforeUnload：当前页面的内容将要被改变时触发此事件；

onError：出现错误时触发此事件；

onLoad：页面内容完成时触发此事件；

onMove：浏览器的窗口被移动时触发此事件；

onResize：浏览器的窗口大小被改变时触发此事件；

onScroll：浏览器的滚动条位置发生变化时触发此事件；

onStop：浏览器的停止按钮被按下或者正在下载的文件被中断时触发此事件；

onUnLoad：当前页面将被改变时触发此事件。

3）表单相关事件。

onBlur：当前元素失去焦点时触发此事件；

onChange：当前元素失去焦点且元素的内容发生改变时触发此事件；

onFocus：当某个元素获得焦点时触发此事件；

onReset：当表单中 reset 属性被激发时触发此事件；

onSubmit：一个表单被递交时触发此事件。

2. JavaScript 事件总结

我们在开发 JavaScript 事件中要用到的是：怎样注册事件处理代码；怎样在事件处理代码中获知是谁触发了事件，事件的类型；是否按了 shift、Alt、Ctrl 键，事件在哪个坐标处触发；关于事件的传播机制（IE 浏览器、Firefox 浏览器、W3C 的机制都不相同，没法兼容）。

（1）怎样注册事件处理代码。

方法有以下几种：

```
<div onclick="alert('aaaa');"></div>
element.onclick=function(){……}
element.onclick=new Function(){……}
element.attachEvent("onclick",function(){……})
element.onclick=functionname; //例如：element.onclick=do2;do2 是一个函数名。在
IE 浏览器与 Firefox 浏览器下都正常运行
```

上面的方法四存在兼容问题。如果要像第四种方法一样注册事件，则需要用如下代码：

```
function addEvent(obj, evType, fn){
    if (obj.addEventListener){
        obj.addEventListener(evType, fn, true);
        return true;
    } else if (obj.attachEvent){
        var r = obj.attachEvent("on"+evType, fn);
```

```
        return r;
    } else {
        return false;
    }
}
```

这个代码就兼容了 IE 浏览器与 Firefox 浏览器。

注意：<div onclick="alert('aaaa')"></div>是可以正常运行中，但 element.onclick="alert('aaaa')" 是不能运行的。

（2）事件对象的取得。

可以以如下方法写事件处理函数：

```
funciton button1_click(evt){
    evt=evt?evt:(window.event?window.event:null);
    ...
}
```

因为 IE 的事件对象是放到 window.event 中的，而在 FireFox 中，必须通过事件处理函数的参数传入。所以只有用上面的方法才能兼容。

（3）怎样获得事件源的引用。

在像上面一样得到兼容的 evt 后，var elem=(evt.target)?evt.target:evt.srcElement。有了 evt 就方便多了。

（4）事件的类型。

事件的类型在所有浏览器中都一样：evt.type。

（5）鼠标的当前坐标。

鼠标的当前坐标在所有浏览器中都一样：evt.clientX、evt.clientY。

4.1.2 案例步骤

可移动的导航条

创建 HTML 文件后，可以在里面输入如下参考代码：

```
<html>
<head>
<title>可移动的导航条</title>
<script type="text/javascript">
    var Mouse_Obj="none";
    var pX
    var pY
    //鼠标选择控件并按住移动事件设定
    document.onmousemove=D_NewMouseMove;
    //鼠标左键放开事件设定
    document.onmouseup=D_NewMouseUp;
    //控件随鼠标按住移动的位置处理
    function move(c_Obj){
        //取得鼠标所选择的控件
        Mouse_Obj=c_Obj;
```

```
            //X 轴位置设定
            pX=parseInt(document.all(Mouse_Obj).style.left)-event.x;
            //Y 轴位置设定
            pY=parseInt(document.all(Mouse_Obj).style.top)-event.y;
        }
        //鼠标选择控件并按住移动事件处理
        function D_NewMouseMove(){
            //如果鼠标选择了控件
            if(Mouse_Obj!="none"){
            //设定控件的 X 轴位置
            document.all(Mouse_Obj).style.left=pX+event.x;
            //设定控件的 Y 轴位置
            document.all(Mouse_Obj).style.top=pY+event.y;
            //设置事件的返回值
            event.returnValue=false;
            }
        }
        //鼠标左键放开事件
        function D_NewMouseUp(){
            //鼠标所选的控件放开
            if(Mouse_Obj!="none"){
                Mouse_Obj="none";
            }
        }
</script>
<style>.up {
    BORDER-RIGHT: #711200 1px solid; PADDING-RIGHT: 1px;
BORDER-TOP: white 1px solid; PADDING-LEFT: 1px; FONT-SIZE: 9pt;
PADDING-BOTTOM: 1px; BORDER-LEFT: white 1px solid;
COLOR: #ff0000; PADDING-TOP: 1px; BORDER-BOTTOM: #711200 1px solid;
FONT-FAMILY: Tahoma; BACKGROUND-COLOR: #eadfd0
}
.down {
    BORDER-RIGHT: #ffffff 1px solid; BORDER-TOP: #711200 1px solid;
FONT-SIZE: 9pt; BORDER-LEFT: #711200 1px solid; CURSOR: hand;
COLOR: #ffffff; BORDER-BOTTOM: #ffffff 1px solid;
FONT-FAMILY: Tahoma; BACKGROUND-COLOR: #336699
}
A:link {
    COLOR: #711200; TEXT-DECORATION: none
}
A:visited {
    COLOR: #711200; TEXT-DECORATION: none
}
A:hover {
```

```
    COLOR: blue; TEXT-DECORATION: underline
}
</style>
</head>
<body>
<DIV class=up id=hello
    style="; LEFT: expression((document.body.clientWidth-80)/2);
    WIDTH: 80px; POSITION: absolute; ;
    TOP: expression((document.body.clientHeight-120)/2);
    HEIGHT: 120px">
<DIV class=down onmousedown='move("hello")'>-+酷-网-站+-</DIV>
<DIV style="PADDING-LEFT: 5pt"><A href="http://www.sina.com/"
    target=_blank>新浪网</A></DIV>
<DIV style="PADDING-LEFT: 5pt"><A href="http://www.163.com/"
    target=_blank>网易</A></DIV>
<DIV style="PADDING-LEFT: 5pt"><A href="http://www.sohu.com/"
    target=_blank>搜狐</A></DIV>
<DIV style="PADDING-LEFT: 5pt"><A href="http://www.baidu.com/"
    target=_blank>百度</A></DIV>
<DIV style="PADDING-LEFT: 5pt">
    <A href="http://www.google.com.hk/"
    target=_blank>Google</A></DIV>
<DIV style="PADDING-LEFT: 5pt">
    <A href="http://www.renren.net/"
    target=_blank>人人网</A></DIV></DIV>
</body>
</html>
```

该案例的运行结果如图 3-55 所示（用鼠标可以让该导航条在本页面内移动）。

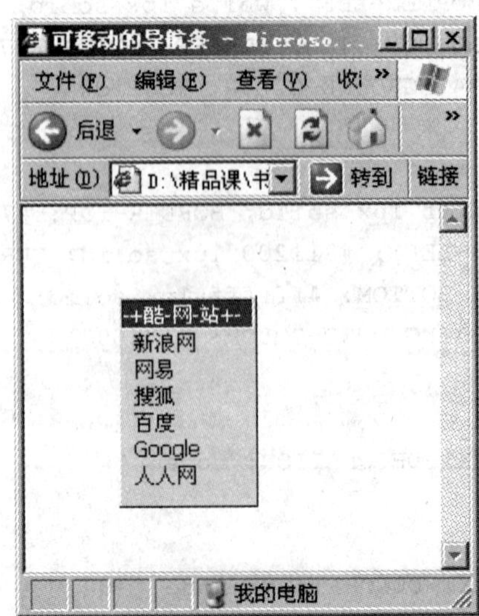

图 3-55　可移动的导航条效果

4.2 案例二 验证输入的注册信息

该案例实现的是注册页面，在客户端实现对客户输入的信息进行验证，通过本案例可以了解 JavaScript 的表单验证。

4.2.1 案例资讯

表单验证概述

客户端的表单验证是JavaScript的一个重要应用。表单作为接收用户输入数据的一种手段，对 Web 开发者非常有用。增加客户端的表单验证可以为用户提供更快、更准确的应用。但客户端表单验证永远不会取代服务器端的验证，而只能是辅助和增强客户端输入验证。提供客户端验证的主要优点在于，用户可以有一个校验其输入的实时反馈，而不必通过服务器验证，减少了服务器端的压力，提高了验证的速度，从而全面提高表单的输入体验。但这并不等于实现了客户端的表单验证就可以忽视或者删除服务器的验证。应该继续测试禁止 JavaScript 情况下的表单，确保不使用 JavaScript 的用户可继续拥有其他可用性体验。

表单验证中，正则表达式应用较多，本书对正则表达式不作深入的研究，只做简单的介绍。注意一些常用的正则表达式，用到的时候可以找到并套用一下。

下面介绍几个比较常用的表单验证。

（1）JavaScript 验证表单项不能为空。

```
<script  type="text/JavaScript">
    <!--
    function  CheckForm(){
        if(document.form.name.value.length==0) {
            alert("请输入您姓名!");
            document.form.name.focus();
            return false;
        }
        return true;
    }
    -->
</script>
```

（2）长度限制。

```
<script  type="text/JavaScript">
    function test() {
        if(document.a.b.value.length>50){
            alert("名字不能超过 50 个字符！");
            document.form1.txtName.focus();
            return false;
        }
    }
</script>
```

（3）只能是汉字。

```
<script type="text/JavaScript">
    function inputCheck(){
        var filter =/^\u4E00-\u9FA5/;
        if(!filter.test(document.getElementById('T1').value)){
            alert("请输入中文");
            return false;
        }else{
            return true;
    }
</script>
```

（4）只能是英文。

```
<script type="text/JavaScript">
    function onlyEng(){
        if(!(event.keyCode>=65&&event.keyCode<=90)){
        event.returnvalue=false;
        }
    }
</script>
```

（5）只能是数字。

```
<script type="text/JavaScript">
    function onlyNum(){
        if(!((event.keyCode>=48&&event.keyCode<=57)||
             (event.keyCode>=96&&event.keyCode<=105))){
            //考虑小键盘上的数字键
            event.returnvalue=false;
        }
    }
</script>
```

（6）验证邮箱格式。

```
<script type="text/JavaScript">
    function isEmail(strEmail) {
        if(strEmail.search(/^\w+((-\w+)|(\.\w+))*\@[A-Za-z0-9]+((\.|-)
         [A-Za-z0-9]+)*\.[A-Za-z0-9]+$/) != -1){
            return true;
        }else{
            alert("邮箱格式错误！");
        }
    }
</script>
```

（7）两次输入的密码是否相同。

```
<script type="text/JavaScript">
    function check(){
        if(input1.value!=input2.value){
```

```
            alert("两次输入的密码不正确！")
            input1.value = "";
            input2.value = "";
        }
    }
</script>
```

（8）常用正则表达式。

```
"^\d+$"    //非负整数（正整数+0）
"^[0-9]*[1-9][0-9]*$"    //正整数
"^((-\d+)|(0+))$"    //非正整数（负整数+0）
"^-[0-9]*[1-9][0-9]*$"    //负整数
"^-?\d+$"        //整数
"^\d+(\.\d+)?$"    //非负浮点数（正浮点数+0）
"^(([0-9]+\.[0-9]*[1-9][0-9]*)|([0-9]*[1-9][0-9]*\.[0-9]+)|([0-9]*[1-9][0-9]*))$"  //正浮点数
"^((-\d+(\.\d+)?)|(0+(\.0+)?))$"    //非正浮点数（负浮点数+0）
"^(-(([0-9]+\.[0-9]*[1-9][0-9]*)|([0-9]*[1-9][0-9]*\.[0-9]+)|([0-9]*[1-9][0-9]*)))$" //负浮点数
"^(-?\d+)(\.\d+)?$"    //浮点数
"^[A-Za-z]+$"    //由 26 个英文字母组成的字符串
"^[A-Z]+$"    //由 26 个英文字母的大写组成的字符串
"^[a-z]+$"    //由 26 个英文字母的小写组成的字符串
"^[A-Za-z0-9]+$"    //由数字和 26 个英文字母组成的字符串
"^\w+$"    //由数字、26 个英文字母或者下划线组成的字符串
"^[\w-]+(\.[\w-]+)*@[\w-]+(\.[\w-]+)+$"        //E-mail 地址
"^[a-zA-z]+://(\w+(-\w+)*)(\.(\w+(-\w+)*))*(\?\S*)?$"    //url
"/^(d{2}|d{4})-((0([1-9]{1}))|(1[1|2]))-(([0-2]([1-9]{1}))|(3[0|1]))$/ "
//年-月-日
"/^((0([1-9]{1}))|(1[1|2]))/(([0-2]([1-9]{1}))|(3[0|1]))/(d{2}|d{4})$/"
//月/日/年
"/^((\+?[0-9]{2,4}\-[0-9]{3,4}\-)|([0-9]{3,4}\-))?([0-9]{7,8})(\-[0-9]+)?$/ "    //电话号码
"^(d{1,2}|1dd|2[0-4]d|25[0-5]).(d{1,2}|1dd|2[0-4]d|25[0-5]).(d{1,2}|1dd|2[0-4]d|25[0-5]).(d{1,2}|1dd|2[0-4]d|25[0-5])$"    //IP 地址
"[\u4e00-\u9fa5]"    //匹配中文字符的正则表达式
"[^\x00-\xff]"        //匹配双字节字符(包括汉字)
"\n[\s| ]*\r"        //匹配空行的正则表达式
"/.*|/"              //匹配 HTML 标记的正则表达式
" (^\s*)|(\s*$)"     //匹配首尾空格的正则表达式
"\w+([-+.]\w+)*@\w+([-.]\w+)*\.\w+([-.]\w+)*"    //匹配 Email 地址的正则表达式
"^[a-zA-z]+://(\\w+(-\\w+)*)(\\.(\\w+(-\\w+)*))*(\\?\\S*)?$"  //匹配网址 URL 的正则表达式
"^[a-zA-Z][a-zA-Z0-9_]{4,15}$"    //匹配账号是否合法(以字母开头，允许 5～16 字节，允许字母、数字、下划线)
" (\d{3}-|\d{4}-)?(\d{8}|\d{7})?"    //匹配国内电话号码
```

4.2.2 案例步骤

验证输入的注册信息是否正确

创建 HTML 文件后，可以在里面输入如下参考代码：

```
<html>
<head>
<script type="text/JavaScript">
/*
*单击“提交”按钮时调用该方法，检测用户的输入是否合法
*如果不合法，焦点要落到第一个非法输入的控件上
*/
function inputCheck(){
    //输入的是否是正确标示符
    var blnInput = true;
    //焦点是否已经设置标示符
    var blnFocus = false;
    //用户名为空时
    if (document.getElementById('username').value == ""){
        alert("请填写您的用户名！");
        document.frmRegest.username.focus();
        document.frmRegest.username.select();
        blnInput = false;
        blnFocus = true;
    }else{
        //用户名可使用的字符为（A-Z a-z 0-9 _ - .）长度不小于 5 个字符
        //不超过 15 个字符，注意不要使用空格
        var filter=/^\s*[.A-Za-z0-9_-]{5,15}\s*$/;
        if(!filter.test(document.getElementById('username').
            value)){
            alert("用户名填写不正确,请重新填写！可使用的字符为（"+
                "A-Z a-z 0-9 _ - .)长度不小于 5 个字符，不超过 15 个字符"+
                "，注意不要使用空格。");
            //如果焦点没有设定
            if(!blnFocus){
                document.frmRegest.username.focus();
                document.frmRegest.username.select();
            }
            blnInput = false;
            blnFocus = true;
        }
    }
    //密码不能为空
    if(document.getElementById('password').value ==""){
        alert("请填写您的密码！");
```

```
        //如果焦点没有设定
        if(!blnFocus){
            document.frmRegest.password.focus();
        }
        blnInput = false;
        blnFocus = true;
    }else{
    //重新输入的密码不能为空
    if(document.getElementById('passwordReinput').value==""){
        alert("请输入您的确认密码！");
        //如果焦点没有设定
        if(!blnFocus){
            document.frmRegest.password.focus();
        }
        blnInput = false;
        blnFocus = true;
    }
    //密码可使用的字符为（A-Z a-z 0-9 _ - .）长度不小于5个字符
    //不超过15个字符，注意不要使用空格
    var filter=/^\s*[.A-Za-z0-9_-]{5,15}\s*$/;
    if(!filter.test(document.getElementById('password').value)){
        alert("密码填写不正确,请重新填写！可使用的字符为"+
            "（A-Z a-z 0-9 _ - .）长度不小于5个字符，"+
            "不超过15个字符，注意不要使用空格！");
        //如果焦点没有设定
        if(!blnFocus){
            document.frmRegest.password.focus();
            document.frmRegest.password.select();
        }
        blnInput = false;
        blnFocus = true;
    }
    //两次输入的密码是否相同
    if(document.getElementById('password').value!=
        document.getElementById('passwordReinput').value ){
            alert("两次填写的密码不一致，请重新填写！");
            //如果焦点没有设定
            if(!blnFocus){
                document.frmRegest.password.focus();
                document.frmRegest.password.select();
            }
            blnInput = false;
            blnFocus = true;
        }
    }
```

```
//问题不能为空
if(document.getElementById('question').value == ""){
    alert("请输入密码提示问题！");
    //如果焦点没有设定
    if(!blnFocus){
        document.frmRegest.question.focus();
    }
    blnInput = false;
    blnFocus = true;
}
//答案不能为空
if(document.getElementById('answer').value == ""){
    alert("请输入密码提示答案！");
    //如果焦点没有设定
    if(!blnFocus){
        document.frmRegest.answer.focus();
    }
    blnInput = false;
    blnFocus = true;
}
//邮箱不能为空
if(document.getElementById('email').value == ""){
    alert("请输入您的电子邮件地址！");
    //如果焦点没有设定
    if(!blnFocus){
        document.frmRegest.email.focus();
        document.frmRegest.email.select();
    }
    blnInput = false;
    blnFocus = true;
}else{
    //邮箱格式是否正确
    var filter
   =/^\s*([A-Za-z0-9_-]+(\.\w+)*@(\w+\.)+\w{2,3})\s*$/;
   if(!filter.test(document.getElementById('email').value)){
        alert("邮件地址不正确,请重新填写！");
        //如果焦点没有设定
        if(!blnFocus){
            document.frmRegest.email.focus();
            document.frmRegest.email.select();
        }
        blnInput = false;
        blnFocus = true;
   }
}
```

```
    //手机号码验证
    var code=document.getElementById("mobileNumber").value;
    var re=
       /^(130|131|133|135|135|137|138|139|159|158|153)(\d){8}$/;
    if(!re.test(code)){
      alert("手机号码有误,请重新填写！");
      //如果焦点没有设定
      if(!blnFocus){
           document.frmRegest.mobileNumber.focus();
           document.frmRegest.mobileNumber.select();
       }
      blnInput = false;
      blnFocus = true;
    }
    //返回验证结果
    return blnInput;
}
</script>

</head>
<body>
<form name="frmRegest" ID="frmRegest">
       <h1>请输入注册信息</h1>
      <br />
   用户名：<input type="text" id="username" >
   <br /><br />
   用户密码：<input type="text" id="password">
   <br /><br />
   重新输入密码：<input type="text" id="passwordReinput">
   <br /><br />
   问题：<input type="text" id="question">
   <br /><br />
   答案：<input type="text" id="answer">
   <br /><br />
   邮箱：<input type="text" id="email">
   <br /><br />
   手机号码：<input type="text" id="mobileNumber">
   <br /><br />
   <button onclick="return inputCheck();">注册</button>
</form>
</body>
</html>
```

如果用户输入的不合法，会出现相应的消息提示对话框；如果输入的用户名不合法，弹出的消息提示框如图 3-56 所示。

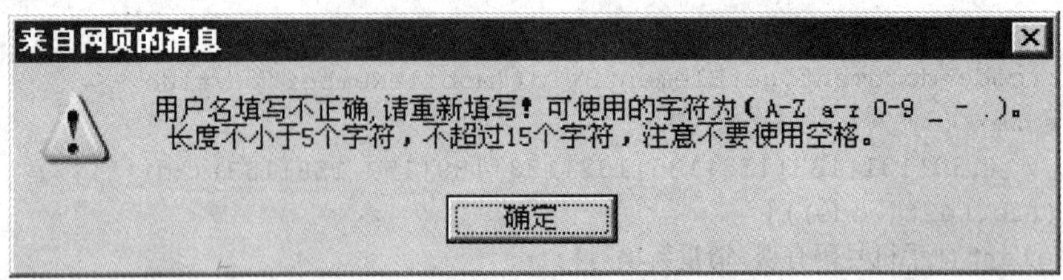

图 3-56　输入的用户名不合法

如果输入的密码不合法，弹出的消息提示框如图 3-57 所示。

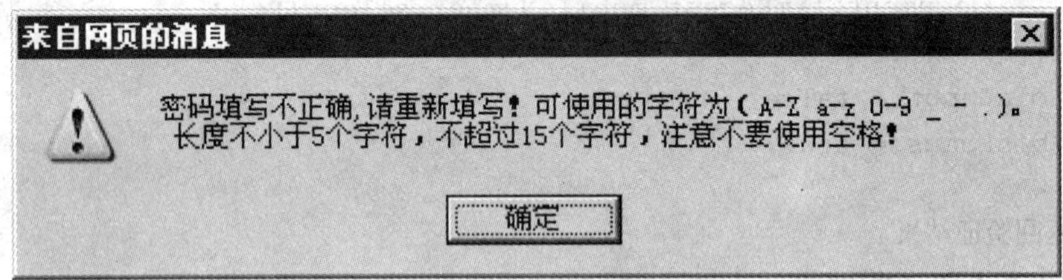

图 3-57　输入的密码不合法

如果两次输入的密码不一致，弹出的消息提示框如图 3-58 所示。

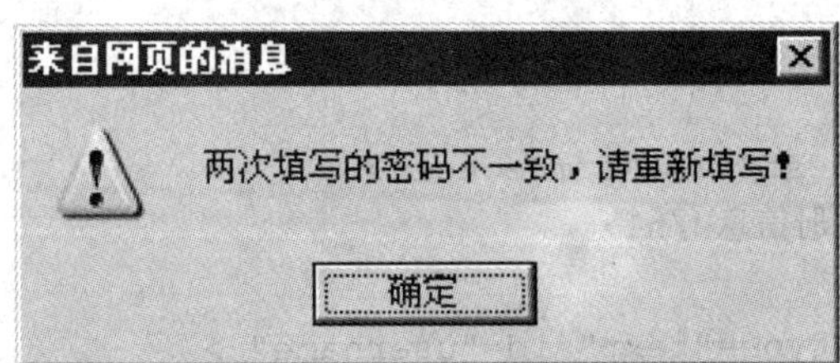

图 3-58　两次输入的密码不一致

如果没输入密码提示问题，弹出的消息提示框如图 3-59 所示。

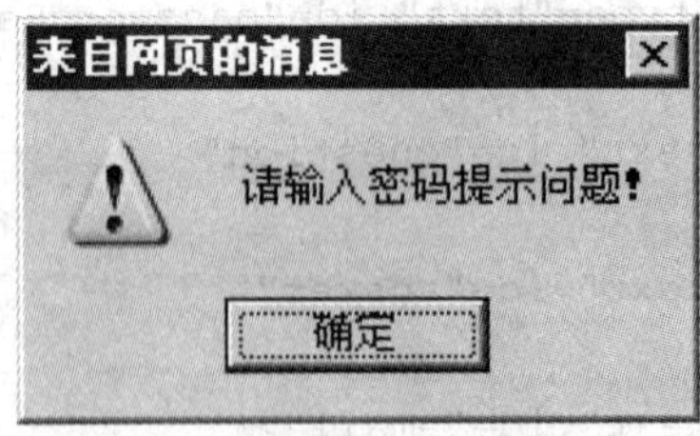

图 3-59　没输入密码提示问题

如果没输入密码提示答案时，弹出的消息提示框如图 3-60 所示。

图 3-60　设输入密码提示答案

如果输入的邮箱不合法，弹出的消息提示框如图 3-61 所示。

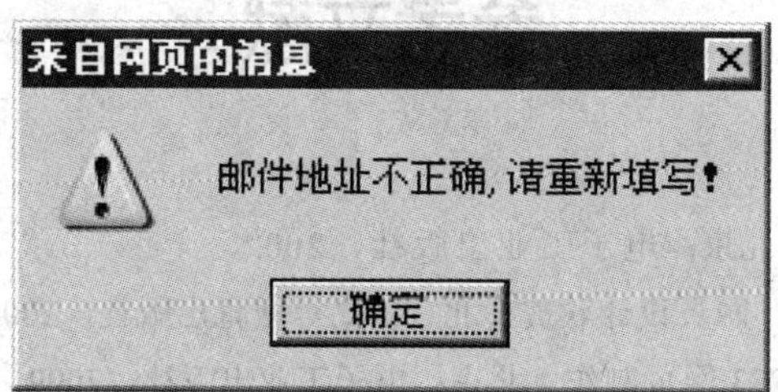

图 3-61　输入的邮箱不合法

如果输入的手机号码不合法，弹出的消息提示框如图 3-62 所示。

图 3-62　输入的手机号码不合法

同时以上程序实现了焦点落在第一个出错的输入框的位置。

参考文献

[1] 蔡翠平．网页制作技术．北京：电子工业出版社，2002．

[2] 刘涛．网页设计经典应用：网页设计欣赏．北京：高等教育出版社，2008．

[3] 卓越科技．Dreamweaver CS3 网页制作．北京：电子工业出版社，2009．

[4] 齐建玲．网页制作实例教程．北京：中国水利水电出版社，2003．

[5] 温谦．HTML+CSS 网页设计与布局从入门到精通．北京：人民邮电出版社，2008．

[6] 张熠．零基础学 HTML+CSS（第 2 版）．北京：机械工业出版社，2012．

[7] （美）赫尔德尔．深入 HTML5 应用开发．秦绪文，李松峰译．北京：人民邮电出版社，2012．

[8] 吴玉中．HTML+CSS 网页开发技术精解．北京：电子工业出版社，2012．

21世纪高职高专教学做一体化规划教材

按照教育部2006年16号文件对高职高专的新要求，以服务为宗旨，以就业为导向，融"教、学、做"为一体，着重培养学生职业能力。

问题导入　　案例驱动　　理论够用　　突出实践

21世纪中等职业教育规划教材

动漫游戏设计系列教程

美术基础+项目创意+程序设计+产品实训

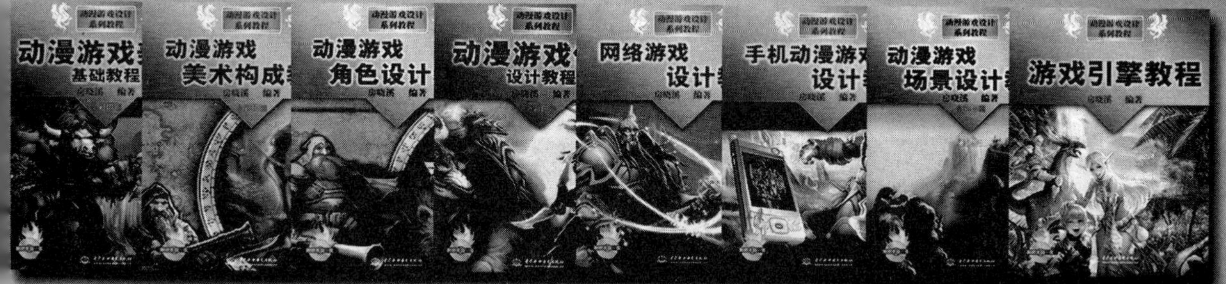

高职高专新概念规划教材

本套教材已出版百余种，发行量均达万册以上，深受广大师生和读者好评，近期根据作者自身教学体会以及各学校的使用建议，大部分教材已推出第二版，新版教材对原书内容进行了重新审核与更新，使其更能跟上计算机科学的发展、跟上高职高专教学改革的要求。

本套教材特色：

(1) 以《基本要求》和培养为编写依据，内容全面，结构合理，文字简练

(2) 采用“问题（任务）驱动”的编写方式，便于激发学习兴趣

(3) 精选实例并将知识点融于实例中，可读性、可操作性和实用性强

(4) 配有上机指导与实训教程，便于学生练习提高

高职高专创新精品规划教材

引进高新技术，复合技术，培养创新精神和能力．教学资源丰富，满足教学一线的需求．

“教、学、做”一体化，强化能力培养

“工学结合”原则，提高社会实践能力

“案例教学”方法，增强可读性和可操作性

高职高专规划教材

软件职业技术学院“十一五”规划教材

本套丛书特点：

(1) 以实际工程项目为引导来说明各知识点，使学生学为所用。

(2) 突出实习实训，重在培养学生的专业能力和实践能力。

(3) 内容衔接合理，采用项目驱动的编写方式，完全按项目运作所需的知识体系设置结构。

(4) 配套齐全，不仅包括教学用书，还包括实习实训材料、教学课件等，使用方便。

电脑美术与艺术设计实例教程丛书